本书获得江西省科技厅应用研究培育计划"基于BIM的铝模板设计软件研究与开发"（20181BBG78008）、江西省智慧建筑工程研究中心及南昌航空大学高层次引进博士基金资助

装配式建筑发展概论

——在大变局中江西把握新机遇实现大发展

INTRODUCTION TO THE DEVELOPMENT OF
PREFABRICATED BUILDINGS
— JIANGXI GRASPS THE NEW OPPORTUNITY TO ACHIEVE GREAT
DEVELOPMENT IN THE MIDST OF GREAT CHANGES

吕　辉　马明辉 ◎ 著

经济管理出版社
ECONOMY & MANAGEMENT PUBLISHING HOUSE

图书在版编目（CIP）数据

装配式建筑发展概论/吕辉，马明辉著．—北京：经济管理出版社，2018.12
ISBN 978 – 7 – 5096 – 6239 – 7

Ⅰ．①江…　Ⅱ．①吕…　②马…　Ⅲ．①建筑工程—装配式构件—研究报告—江西
Ⅳ．①TU7

中国版本图书馆 CIP 数据核字（2018）第 273073 号

组稿编辑：杜　菲
责任编辑：王　洋
责任印制：黄章平
责任校对：王淑卿

出版发行：经济管理出版社
　　　　　（北京市海淀区北蜂窝 8 号中雅大厦 A 座 11 层　100038）
网　　址：www. E – mp. com. cn
电　　话：(010) 51915602
印　　刷：唐山昊达印刷有限公司
经　　销：新华书店
开　　本：720mm × 1000mm/16
印　　张：11
字　　数：186 千字
版　　次：2021 年 1 月第 1 版　　2021 年 1 月第 1 次印刷
书　　号：ISBN 978 – 7 – 5096 – 6239 – 7
定　　价：78. 00 元

序

欣闻吕辉、马明辉两位同志的专著《装配式建筑发展概论》付梓，在此表示热烈的祝贺。

装配式建筑堪称传统建造方式的重大变革，代表了绿色建筑、智慧建筑的发展趋势，展示了"中国建造""中国智造"的广阔前景。由于现代装配式建筑的发展涉及建筑工程全产业链，知识面广、系统性强、工程实践要求高，且总体上我国装配式建筑仍处于起步阶段，因此，当前行业内全面阐述装配式建筑发展历程、技术体系、政策环境、行业分析的专著较为匮乏。

江西作为全国装配式建筑发展较早的省份之一，近年来产业发展迅速，技术人才井喷，成果丰硕斐然。

两位作者以独到的专业视角和深厚的学术功底，从系统总结国内外装配式建筑的探索实践出发，深刻分析装配式建筑产业的特点和规律、前景与趋势，并紧密结合江西实际，提出加快该省装配式建筑发展、抢占新一轮区域竞争"新风口"的可行性建议。此举突破以往的行业思维、工程思维，代之以全产业链思维、新发展格局思维，是一本历史感与现实性统一、学术性与通俗性兼备的系统专著，既可以作为业内人士参考的范本，也可作为学生阅读的专业书籍。

　　相信该书的出版与问世，必将为构建完善立体化装配式建筑人才培养体系和行业标准体系带来深刻启发，对促进装配式建筑产业的健康有序发展提供有益参考。

　　是为序。

中国工程院院士

2020 年 10 月

前　言

当前，世界处于百年未有之大变局。尤其2020年以来，受新冠肺炎疫情和经济下行压力的叠加影响，国际贸易投资萎缩，全球经济增长疲软，进一步扩大国内投资、拉动内需，是落实"六保"任务、做好"六稳"工作的重中之重。建筑业作为国民经济的支柱性产业，代表其转型升级和高质量发展方向的装配式建筑，在扩内需、稳投资的大背景下，展现出前所未有的新机遇。

从国内外发展实践来看，装配式建筑相较传统建筑有着不可比拟的优势，特别是近年来随着装配式建筑项目陆续开建，装配式混凝土结构体系、钢结构体系等都得到一定程度的研发和应用，节水与雨水收集技术、建筑垃圾循环利用、生活垃圾处理技术等得到了同步运用，这些综合技术的应用不仅大幅提高了建筑本身的质量、性能和品质，而且对整个区域经济社会发展产生了诸多积极影响，其扩内需、稳投资、促转型、提品质的综合作用日益凸显。我国建筑业经过多年的高速发展，对经济社会持续增长发挥了重要作用，也极大地加快了城镇化进程，但与此同时，传统粗放的生产方式造成的能源资源消耗高、劳动生产率低、技术创新不强、建筑质量不可控等诸多问题日益凸显。随着建筑需求量的逐渐增大以及人们对住宅质量要求的日益提高，住宅建造方式的转型升级成为新时期人们关注的焦点。装配式建筑本身属于高新技术产业，因为采用标准化设计、工厂化生产、装配化施工、信息化管理、智能化应用，是传统建材企业转型升级发展的重大契机。发展装配式建筑，不仅有利于节约资源能源、提升劳动生产效率，更有助于补齐补强短板，培育新产业、新动能，优化建筑供给的质量和效率，并推动化解水泥、钢铁等过剩产能，是传统建材企业转型升级和供给侧结构性改革深化的重大契机。而且，装配式建筑产业链条长，产业分支多，发展装配式建筑能进一步带动部件生产企业、专用设备制造企业、物流产业、信息产业等新的市场需求，与大数据、物联网、人工智能紧密结合，为进一步促进产业再造和增加就业提供源头活水。同时，随着生活水平的不断提高，人民对住宅舒适度和建筑品质的要求越来越高，建设生态宜居、低碳低耗、可持续发展的城市，提高绿色建筑比例和能效标准，打造绿色城市、智慧城市，成为建筑业发展的必然选择。

党的十八大以来，从中央到地方密集出台了一系列促进装配式建筑健康发展的政策文件。2015年12月20日，中央城市工作会议提出要大力推动建造方式创新，以推广装配式建筑为重点，通过标准化设计、工厂化生产、装配化施工、一体化装修、信息化管理、智能化应用，促进建筑业转型升级。2016年2月，国务院下发了《关于进一步加强城市规划建设管理工作的若干意见》，提出力争用10年左右的时间，使装配式建筑占新建建筑的比例达30%。同年9月，国务院下发《关于大力发展装配式建筑的指导意见》，提出要以京津冀、长三角、珠三角三大城市群为重点推进地区，常住人口超过300万人的其他城市为积极推进地区，其余城市为鼓励推进地区，因地制宜发展装配式混凝土结构、钢结构和现代木结构等装配式建筑。这标志着装配式建筑正式上升为国家战略，2016年也被称为中国装配式建筑元年。2017年3月，住建部下发了《"十三五"装配式建筑行动方案》《装配式建筑示范城市管理办法》《装配式建筑产业基地管理办法》三大文件，不仅明确了"十三五"期间装配式建筑的工作目标、重点任务、保障措施和示范城市、产业基地管理办法，同时也对未来一段时间装配式建筑的发展起到持续指导和推动作用。其中明确，2020年前全国装配式建筑占新建建筑的比例达15%以上，重点推进地区需达到20%，同时要形成50个以上的装配式建筑示范城市、30个以上的装配式建筑技术创新基地、200个以上的产业基地和500

个以上的示范工程。2018 年在全国"两会"上，李克强总理在《政府工作报告》中进一步强调，大力发展钢结构和装配式建筑，加快标准化建设，提高建筑技术水平和工程质量。2019 年，住房和城乡建设部批复了江西、浙江、山东、四川、湖南、河南、青海 7 个省开展钢结构住宅试点。前不久，国家人社部就业培训技术指导中心正式发文公示 16 个新职业，首次将装配式建筑施工员列入国家新职业，并对装配式建筑施工员进行了职业定义。在国家层面的引导和推进下，全国31 个省（自治区、直辖市）均已出台推进装配式建筑发展的相关目标和落地政策，各地装备式建筑迎来了竞相发展、群雄并起的新热潮，装配式建筑的设计、生产、施工、装修等相关产业能力快速提升。《中国建设报》统计数据显示，2019 年全国新开工装配式建筑 4.2 亿平方米，较 2018 年增长 45%，占新建建筑面积的比例约为 13.4%，近 4 年来年均增长率为 55%。有研究机构预测，装配式建筑是继汽车、家电后拥有万亿级市场容量的先进制造业。预计到 2025 年，中国装配式建筑市场规模将达到 1.4 万亿元，市场前景非常广阔。

本书从分析国内外装配式建筑发展概况入手，对江西装配式建筑发展的现状与趋势做了深入研判，并提出了对策与建议。由于本人水平有限，不足之处，敬请各位读者、专家批评指正，不吝赐教。

吕　辉

2020 年 7 月

目　录

第一章　装配式建筑行业概述

一、装配式建筑的定义

　　1921 年，"像造汽车一样造房子"的概念被法国建筑大师柯布西耶在《走向新建筑》中首次提起，希望建筑业像 20 世纪"批量复制"汽车那样，"批量复制"建筑。美国建筑产业协会（CII，1986）在一份基础报告中对预先制造的定义如下："预先制造"（Prefabrication）是一种制造方法，一般是在专门设备上，把各种材料结合到一起形成一个最终安装部件。英国建筑产业研究和信息协会（CIRIA，1997）定义预先组装为："预先组装（Preassembly）：在最终就位之前，为一件产品组织和完成大部分的最终装配工作。它包括许多形式的分部装配。它可以是在现场，或远离现场进行，并且常常涉及标准化。"我们经常也会听到各种各样的术语来描述装配式建筑的生产单元，例如，"盒子""单元""模块"或"集合或供装配的零件"。

　　按我国的定义，装配式建筑指的是主体结构、围护、内装、设备及管线系统全部或某些部分构件由预制部件组装而成的建筑。通常来说，装配式构件在专业工厂预制完成，然后运至施工现场，再将构件通过可靠的连接方式组装完成工程建设。在装配式建筑设计时，需要统筹考虑设计、生产、施工、运维的全过程，以期实现建筑设计、施工乃至使用全过程的一体化。其重点是统筹主体结构、外部围护、内装、设备与管线系统设计并争取实现一体化，同时确保装配式建筑能够实现设计过程标准化、生产过程工厂化、施工过程装配化、装修过程一体化、管理过程信息化、运营过程智能化的目标。

（一）标准化设计

通过实现建筑设计的标准化，可以为建设方提供一套能在多个项目中形成系列化应用的装配式建筑体系，与构件生产、施工工艺形成配套设计，从而降低成本、提高效率。要做到建筑设计的标准化，一方面需要设计人员优化空间设计，为内装及空间的灵活使用提供接口；另一方面需要设计人员具备模块化的设计思维，将预制部件设计成符合模数数列的标准化模块，并能进行多样化的平面组合。通过这样的标准化设计并结合预制构件生产和装配式施工工艺的特点，可以满足建筑功能的多样性要求。标准化设计的基本要求是通用化、模数化和标准化，其设计原则是"少规格、多组合"，通过标准化模块的组合，实现建筑及构件的系列化和多样化。在设计过程中，主要需要考虑以下两个方面：

一是模数和模数协调。建筑师从方案设计阶段开始就要有工业化建筑设计的理念，充分考虑工厂的标准化生产。为设计出可组合的构件单元，建筑专业需要考虑模数之间的协调，从最初设计时就应该采用模块化、标准化思维，实现主体结构与外围护系统，以及设备与管线系统，还有内装系统的一体化集成。首先考虑同一房型的多次套用，其次对不同房型尽量将维护构件同模数、标准化；在模数协调的基础上，可大大提高部品部件的通用性。

在装配式住宅中，模数之间的协调非常重要，通过建筑模数不单单能在预制结构中实现不同构件之间、各个住宅部品之间以及所有预制构件与相应住宅部品尺寸之间的协调性，使部件以及组合件的种类尽可能地减少、优化，使建筑设计、构件生产、施工建造等各个环节之间配合起来更加简单、精确，最终确保土建专业、机电专业和装修专业的各部件实现生产工厂化和施工一体化。还可以在预制构件的各种构成要素（包括钢筋设置、管线预埋、点位布设等）之间形成一种合理的空间匹配关系，以防出现交叉和相互碰撞。

二是系统集成。按照集成设计原则，各不同专业之间需要进行协同设计。因此，结构系统、围护系统、设备与管线系统和内装系统作为建筑整体的一部分进行集成设计，并统筹考虑材料性能、加工工艺、运输限制、吊装能力的要求。建筑的内装系统宜选用具有通用性和互换性的内装部品。建筑的预制构件应采用标准化接口，部品接口设计应符合部品与管线之间、部品之间连接的通用性要求，并满足接口位置固定、连接合理、拆装方便及使用可靠。同时，各类接口尺寸应符合公差协调要求。

（二）工厂化生产

装配式建筑的预制构件由专业工厂生产进行工业化生产，在很多关键工序上实现了由机器对人工的取代，从而从根本上消除了工人在生产过程中犯错误的机会。工厂生产设备相较于工人的现场操作具备更高的可靠性，因此，在传统施工方式中由工人技术能力、责任心等人的因素带来的质量风险和部分安全风险可以得到有效规避，可以做到质量可控并减小安全风险。工厂化生产较传统施工方式可以更精确地计算原材料的用量以及机械设备、人工的使用，可以做到生产环节的成本精确控制；在设备产能、原材料供应充足的情况下，构配件的生产计划可以准确排产，可以做到进度可控。对工厂化生产，应做到如下要求：

第一，生产建筑构件的企业，生产车间要合适，生产设备必须专业且实现自动化，并具备专业能力合格的生产、技术人员与管理团队，配备技术标准及质量、安全、环境保护管理体系。生产过程及管理宜实现信息化，生产工序宜实现流水化作业。生产构件前，需要依照设计要求与实际生产条件制定生产工艺、生产方案，对构造比较复杂的构件和部品，还应该展开工艺性试验；其产品设计图以及构件的深化设计图需要经过批准，产品设计深度至少要达到生产、运输和安装等各项技术要求。构件的生产企业需要配备可靠的质检控制体系和质量过程控制制度。建筑部品部件生产检验合格后，生产企业应提供产品执行标准的说明书、证明出厂检验合格的相关文件、产品质量保证书以及使用说明等资料。

第二，生产单位宜配备具有可追溯性的编码标识以及信息化质量管理系统。所有的部品部件在最终出厂前均需要进行适当的包装，防止部品部件在运输、装卸期间出现破损、变形。对超高、超宽、形状特殊的大型构件的运输和堆放应制订专门的方案。选用的运输车辆应满足部品部件的尺寸、重量等要求。部品部件堆放场地应平整、坚实，并按部品部件的保管技术要求采用相应的防雨、防潮、防暴晒、防污染和排水等措施。

（三）装配化施工

通过标准化设计，预制构件在工厂化方式生产后运输至施工现场，通过机械化作业安装实现装配化施工，变湿作业为干作业，保证建筑质量，减轻劳动强度，降低生产成本，减少环境污染，节约自然资源。

装配施工前需要制订完善的施工组织设计、合理的施工方案，其中包括构件安装方案与各个节点的施工方案，以及安装质量的管理方案和安全保障措施等。充分考虑塔吊位置，塔吊装置的选择以安全、经济、合理为原则，根据构件重量及塔吊悬臂半径的条件，结合现场施工条件进行调整，构件吊装过程中应定制施工保护措施，避免构件翻覆、掉落造成安全事故。

（四）一体化装修

《装配式建筑评价标准》（GB/T 51129—2017）要求装配式建筑必须采用全装修。一体化装修需要遵循标准化设计、工厂化生产、装配化施工以及建筑主体与装修、设备三者的一体化原则。一体化装修工程从设计到施工，包括监理需要由具备相关专业资质的单位分别承担，并要求形成的设计文件、施工文件、验收文件等各种资料必须完整。工程所用材料不但需要满足各项设计要求，还应该符合现行国标的规定，将绿色、环保的建筑装饰材料作为优选。一体化装修的部品体系全都需要采用标准化、模数化、通用化的工艺设计，以更好地满足工厂化制造与装配化施工的相关要求，尽可能提高其通用，使其能够互换。部品体系应该保证具有集成化特点的成套供给，安装部品时需要符合干法施工的具体要求。

一体化装修工程的施工需要配备完整的管理体系，对安全方面、质量方面、环境方面进行监督管理，并配备相应的检验制度，采取合理措施控制施工期间对附近环境带来的危害与污染。工程正式开工前，承包方需要制订施工组织设计并编制各专项施工方案。装修工程施工方式主要是干法施工。

一体化装修工程在整个装修施工期间及验收交付前，需要采用切实可靠的措施，譬如包裹、贴膜、覆盖等，对容易损坏或易被污染的半成品、成品（地面、门窗等）进行保护。

（五）管理的信息化和运用的智能化

信息化管理技术，是在整个装配式建筑产品的设计、生产、施工期间，需要通过 BIM 技术、物联网技术、云计算技术、工业互联网技术、移动互联网技术等各种信息化技术，使装配式建筑的生产过程实现工厂化、施工过程实现装配化、管理过程实现信息化。在装配式建筑产品整个生产期间进行深化设计，对管理材料、制造产品等各个环节严格管控，并对整个施工期间的产品进场、现场堆放、预拼装等诸多环节严格管控，在生产和施工期间实现信息共享，确保生产环节的产品质量和施工环节的效率，提高装配式建筑产品生产和施工管理的水平。信息化管理和智能化应用适用于装配式建筑产品（如钢结构、预制混凝土、木结构等）整个生产、施工期间的大部分管理环节。

信息化管理和智能化应用主要内容包括：配备工作管理的协同机制，规定协同工作具体流程和成果交付流转内容，并配备与之相符的生产、施工全周期信息管理平台，实现全面、彻底的信息共享。

深化设计：按照设计图纸根据生产制造要求配备深化设计模型，并确保模型流转到制造环节。

材料管理：通过物联网条码技术统一对物料进行标识，对各材料的"收、发、存、领、用、退"进行全程监控，实现仓储堆垛管理的可视化，对其质量进行多维度的追溯管理。

产品制造：对工作人员生产、工序、生产设备等进行统一编码，配备产品类型相应的自动化生产线，实现设备的联网管理，按要求参数执行工艺，并将生产状态及时反馈，在生产状态管理中实现可视化。

产品进场管理：通过物联网条码技术就可以追溯产品流转的全过程，能够在BIM模型里面按产品批次随时对产品进场进度进行查看，实现产品进场管理的可视化。

现场堆放管理：通过物联网条码技术统一对各在装配产品进行标识，对现场堆场进行合理的空间利用，对产品堆垛实现可视化管理。

预拼装施工管理：通过BIM技术模拟产品的预拼装过程，纠正并避免拼装中可能出现的误差，保证装配效率。

二、装配式建筑的分类

根据装配式结构部件材质不同，可将装配式分为三大类：装配式混凝土建筑、装配式钢结构建筑和装配式木结构建筑。据住建部官网发布的装配式建筑典型项目信息显示，目前混凝土结构占比最大，其次是钢结构。在各省市推广装配式建筑钢结构的政策引导下，预计未来钢结构的占比将逐渐提升。

（一）装配式预制混凝土

装配式预制混凝土（PC）是指在工厂中标准化加工生产的混凝土制品。具有结构性能好、产品质量高、施工速度快等特点，适用于各类工业化建筑，具有良好的灵活性和适用性，主要包括预制 PC 墙板、折叠楼板、楼梯和叠合梁等产品。由于与传统应用较广的现浇混凝土结构一脉相承，因此也是目前装配式建筑三大结构体系中推广最顺利，覆盖范围最大的一种。从住建部认定的首批 64 个装配式建筑示范项目来看，混凝土结构占比最大达 64%，共 41 项（钢结构 19 项，木结构 4 项）。混凝土产业发展较早且成本方面具备优势，但 PC 构件领域成本竞争激烈，且优化空间有限，短期之内难以对传统现浇混凝土形成替代。与预制钢结构相比，预制混凝土装配式建筑虽然占据成本优势，但难以满足抗风、抗震及超高度、跨度等设计要求。装配式混凝土结构建造成本较低，适合量大面广的多层、小高层办公楼及住宅建筑。装配式混凝土结构在传统技术框架基础上侧重于外墙板、内墙板、楼板等构件的部品化，部品化率为 40% ~ 50%，如果延伸至现场装修一体化，成本可进一步压缩至接近传统技术成本，并能实现约 5 天建一层的高效率。在量大面广的多层建筑，尤其是住宅领域有广泛的应用前景。

（二）装配式钢结构

建筑装配式钢结构主要由型钢和钢板等制成的钢梁、钢柱、钢桁架等构件组成，各构件或部件之间通常采用焊缝、螺栓或铆钉连接。广泛应用于大型厂房、场馆、超高层等领域。目前国内钢结构行业市场化程度高，行业集中度低，同质化竞争严重。根据工艺和用途，钢结构行业又可分为轻钢结构、多高层钢结构、空间钢结构三个子行业。以厂房为代表的轻钢领域，应用广泛，技术相对成熟，进入壁垒相对较低，市场分散且竞争最为激烈；多高层钢结构领域，由于钢结构工程技术含量高，制作安装难度较大，产品质量及精度要求高，竞争较轻钢市场缓和；而空间结构主要运用于大型体育场馆、剧院、机场、火车站等大跨度公共建筑，对资金资质、产品质量和精度有着严格要求，进入门槛高，在三者中竞争最为和缓。

（三）装配式木结构

装配式木结构以木材为主要受力体系。由于木材本身具有抗震、隔热保温、节能、隔声、舒适性等优点，加之经济性和材料的随处可取，在国外特别是美国，木结构是一种常见并被广泛采用的建筑形式。然而，由于我国人口众多，房屋需求量大，人均森林资源和木材贮备稀缺，木结构并不适合我国的建筑发展需要。此外，我国《木结构设计规范》明确规定木结构建筑层数不能超过3层，并且对最大长度和面积做出了限制。近年来出现的木结构大多为低密度高档次的木结构别墅，主要是为了迎合一定层面的消费者对木材这种传统天然建材的偏爱，行业整体体量较小。

此外，还可以按预制构件的形式和施工方法分为以下五种类型：

1. 砌块建筑

用预制的块状材料砌成墙体的装配式建筑，适于建造3～5层建筑，如提高砌块强度或配置钢筋，还可适当增加层数。砌块建筑适应性强，生产工艺简单，施工简便，造价较低，还可利用地方材料和工业废料。建筑砌块有小型、中型、大型之分：小型砌块适于人工搬运和砌筑，工业化程度较低，灵活方便，使用较广；中型砌块可用小型机械吊装，可节省砌筑劳动力；大型砌块现已被预制大型板材所代替。

砌块有实心和空心两类，实心的较多采用轻质材料制成。砌块的接缝是保证砌体强度的重要环节，一般采用水泥砂浆砌筑，小型砌块还可用套接而不用砂浆的干砌法，可减少施工中的湿作业。有的砌块表面经过处理，可作清水墙。

2. 板材建筑

由预制的大型内外墙板、楼板和屋面板等板材装配而成，又称大板建筑。它是工业化体系建筑中全装配式建筑的主要类型。板材建筑可以减轻结构重量，提高劳动生产率，扩大建筑的使用面积和防震能力。板材建筑的内墙板多为钢筋混凝土的实心板或空心板；外墙板多为带有保温层的钢筋混凝土复合板，也可用轻骨料混凝土、泡沫混凝土或大孔混凝土等制成带有外饰面的墙板。建筑内的设备常采用集中的室内管道配件或盒式卫生间等，以提高装配化的程度。大板建筑的关键问题是节点设计。在结构上应保证构件连接的整体性（板材之间的连接方法主要有焊接、螺栓连接和后浇混凝土整体连接）。在防水构造上要妥善解决外墙板接缝的防水，以及楼缝、角部的热工处理等问题。大板建筑的主要缺点是对建筑物造型和布局有较大的制约性；小开间横向承重的大板建筑内部分隔缺少灵活性（纵墙式、内柱式和大跨度楼板式的内部可灵活分隔）。

3. 盒式建筑

从板材建筑的基础上发展起来的一种装配式建筑。这种建筑工厂化的程度很高，现场安装快。一般不但在工厂完成盒子的结构部分，而且内部装修和设备也都安装好，甚至可连家具、地毯等一概安装齐全。盒子吊装完成、接好管线后即可使用。

盒式建筑的装配形式有：

（1）全盒式，完全由承重盒子重叠组成建筑。

（2）板材盒式，将小开间的厨房、卫生间或楼梯间等做成承重盒子，再与墙板和楼板等组成建筑。

（3）核心体盒式，以承重的卫生间盒子作为核心体，四周再用楼板、墙板或骨架组成建筑。

（4）骨架盒式，用轻质材料制成的许多住宅单元或单间式盒子，支承在承重骨架上形成建筑。也有用轻质材料制成包括设备和管道的卫生间盒子，安置在用其他结构形式的建筑内。盒子建筑工业化程度较高，但投资大，运输不便，且需用重型吊装设备，因此，发展受到限制。

4. 骨架板材建筑

由预制的骨架和板材组成。其承重结构一般有两种形式：一种是由柱、梁组成承重框架，再搁置楼板和非承重的内外墙板的框架结构体系；另一种是柱子和楼板组成承重的板柱结构体系，内外墙板是非承重的。承重骨架一般多为重型的钢筋混凝土结构，也有采用钢和木做成骨架和板材组合，常用于轻型装配式建筑中。骨架板材建筑结构合理，可以减轻建筑物的自重，内部分隔灵活，适用于多层和高层的建筑。

钢筋混凝土框架结构体系的骨架板材建筑有全装配式、预制和现浇相结合的装配整体式两种。保证这类建筑的结构具有足够的刚度和整体性的关键是构件连接。柱与基础、柱与梁、梁与梁、梁与板等的节点连接，应根据结构的需要和施工条件，通过计算进行设计和选择。节点连接的方法，常见的有榫接法、焊接法、牛腿搁置法和留筋现浇成整体的叠合法等。

板柱结构体系的骨架板材建筑是方形或接近方形的预制楼板同预制柱子组合的结构系统。楼板多数为四角支在柱子上；也有在楼板接缝处留槽，从柱子预留孔中穿钢筋，张拉后灌混凝土。

5. 升板和升层建筑

板柱结构体系的一种，但施工方法则有所不同。这种建筑是在底层混凝土地面上重复浇筑各层楼板和屋面板，竖立预制钢筋混凝土柱子，以柱为导杆，用放在柱子上的油压千斤顶把楼板和屋面板提升到设计高度，加以固定。外墙可用砖墙、砌块墙、预制外墙板、轻质组合墙板或幕墙等；也可以在提升楼板时提升滑动模板、浇筑外墙。升板建筑施工时大量操作在地面进行，减少高空作业和垂直运输，节约模板和脚手架，并可减少施工现场面积。升板建筑多采用无梁楼板或双向密肋楼板，楼板同柱子连接节点常采用后浇柱帽或采用承重销、剪力块等无柱帽节点。升板建筑一般柱距较大，楼板承载力也较强，多用作商场、仓库、工厂和多层车库等。升层建筑是在升板建筑每层的楼板还在地面时先安装好内外预制墙体，一起提升的建筑。升层建筑可以加快施工速度，比较适用于场地受限制的地方。

三、装配式建筑的历史

从起源和发展来看，装配式建筑其实是一个古老而又崭新的理念，天然地出自对建造材料的方便获得、运输、安装的需求。

广义上的装配式建筑包括许多当代和古代的建筑技术，世界上大多数地区所使用的砖和砌块也许是最简单的预制部件。从最初的"冬则营窟，夏则居巢"的远古时代一直到今天，人类所创造的所有建筑物基本都是"装配式建筑"。例如，中国在远古（河姆渡文化）时代就开创了"梁柱式"建筑的"榫卯结构"，开始实施"装配式建筑"，并一直流传至今。同样，公元前8～6世纪的古希腊建筑物都是用木材或泥砖或黏土造的。大约在公元前600年，木材柱子经历了称为石化的材料变革，所有的柱子都采用了石材，并预先制造。古希腊建筑的结构属梁柱体系，早期主要建筑都用石材。限于材料性能，石材梁的跨度一般是4～5米，最大不过7～8米。石材柱以鼓状砌块垒叠而成，砌块之间有榫卯或金属销子连接，墙体也用石材砌块垒成。两千年前蒙古游牧民族使用的帐篷可以在短时间内建立或拆除，部件重量和尺寸考虑骆驼运输的方便性，从而方便牧民逐水草而迁徙，同时免去收集新建造材料的麻烦；其由柔韧的细木杆、羊毛毯、动物毛皮制成的绳索以及亚麻布料制成。在材料的量确定的情况下，圆形平面的面积是最大的，同时可以抵御强风；羊毛毯可以抵御零下40℃的低温，外层亚麻布则提供防雨保护。而大约五千年前，美索不达米亚人和埃及人将泥放入木质模具并通过阳光暴晒来干燥硬化而获得泥砖，从而可以用多种方式组合成建筑整体。可以看到，这些古老建筑中已经蕴含了部件化、方便运输、干法连接、标准化设计等朴素的装配式建筑思想。

1850年前后，第一次工业革命基本完成，英国成为世界上第一个工业国家。大英帝国处于鼎盛时期，英女王邀请世界各国参加大英帝国举办的第一届世界博览会。约瑟夫·帕科斯顿（Joseph Paxton）仰仗现代工业技术提供的经济性、精确性和快速性，第一次完全采用单元部件的连续生产方式，通过装配式结构的手法来建造大型空间，设计和建造了伦敦世界博览会会场水晶宫。不到6个月就建成了宽408英尺（约124.4米），长1851英尺（约564米），共5垮，高三层，约7.4万平方米的建筑面积。水晶宫经历了从设计构思、制作、运输到最后建造和拆除的全过程，是一个完整的预制建造系统工程。曾经是19世纪前半期的铸铁技术总检阅之一。尽管是马拉肩扛，却首创了工厂预制构件，现场装配的技术模式，是现代建筑（钢材骨架和玻璃幕墙）的开山之作。

全球建筑工业化进程与工业革命进程息息相关，总的发展趋势愈益贴近人类文明的发展进程，并将引领全球建筑业的发展和变革。根据全球建筑工业化发展的内因和表现，其大致可分为以下四个发展阶段：

1. 建筑工业化1.0时代：工厂化、机械化（20世纪初至20世纪中期）

随着第二次工业革命的兴起和第一次世界大战的结束，欧洲各国经济复苏，技术的进步带来现代建筑材料和技术发展的同时，城市发展带来大批农民向城市集中，大量人口涌入城市，需要在短时间内建造大量住宅、办公楼、工厂等，为建筑工业化创造奠定了基础。

欧洲大陆建筑普遍受到战争的影响，遭受重创，无法提供正常的居住条件，且劳动力资源短缺，此时急需一种建设速度快且劳动力占用较少的新建造方式才能满足短时间内各国对住宅的需求。于是装配式混凝土建筑萌生于此，并快速进入了欧洲各国的住宅领域。法国的现代建筑大师勒·柯布西耶便开始构想房子也能够像汽车底盘一样工厂化成批生产。他的著作《走向新建筑》奠定了工业化住宅、居住机器等最前沿建筑理论的基础。此间为促进国际间的建筑产品交流合作，建筑标准化工作也得到很大发展。装配式建筑在西方战后重建和经济恢复方面发挥了非常重要的作用，基于工厂化生产和机械化装配的建筑工业化概念开始形成，但技术不成熟，管理粗放，建造成本相对较高，不具备市场化条件，基本处于政府主导、企业参与的模式。

2. 建筑工业化 2.0 时代：标准化、模块化（20 世纪中期至 20 世纪末）

20 世纪 50 年代后，随着西方各国及日本战后经济的迅速崛起，第三次工业革命（科技革命）开始兴起，为装配式建筑的发展提供了良好的经济和技术条件，装配式建筑的标准化和模块化理念开始形成，装配式建筑的发展具备了良好的市场化基础，技术体系逐步完善，建造手段不断创新，装配式建筑迎来了高速发展期。1950 年以后，日本经历了第二次世界大战后的经济复兴期并随后进入高速增长期。大量人口涌入城市，住宅的短缺日益成为大城市严重的社会问题。众多欧洲国家在 20 世纪 60 年代初期开展大规模的社会住房计划，建设多高层预制混凝土住宅，同时汲取战前的教训改进材料性能，集成预制的楼梯、阳台和机电设备系统。这些体系以板式结构为主，框架结构为辅。在第二次世界大战中苏联失去了超过三分之一的住房，后来发起了以政府为主导的大规模工业化建筑系统建立和标准化集体住宅区建造计划。

主打"多快好省"的"赫鲁晓夫楼"曾是人类历史上最大的城市发展项目。面对第二次世界大战后城市规模爆炸式扩张、人口迅速增长、住房严重短缺的现象，1954 年，苏联政府在五年计划中提出，在最短的时间内以最低的成本改善城市居民的居住条件。雄心勃勃的苏联领导人赫鲁晓夫命令建筑师开发一种可迅速复制的建筑模板，使其成为"全世界的典范"。这种楼广泛采用组合式钢筋混凝土部件与结构，预制件都是在工厂里流水线生产好的标准件，成本低廉，然后采用统一的工业化建造，所有楼房统一规格，如同复制粘贴一样，统一五层（设计师认为电梯成本太高，而且影响建造速度，所以把高度定位五层，极少会有三层或四层）。随后大规模的建设就此展开，莫斯科别利亚耶沃地区至今保留了大量"赫鲁晓夫楼"，后来，随着需求增长，高度最高达到十六层。

由于钢铁和木材的短缺以及寒冷的冬季，预制战略以工厂预制的混凝土构件（梁柱、墙板，甚至完全集成的模块）为主。有 12 种主要的建筑类型被提出以优化生产，均采用 6 米×6 米的基本结构柱网。经过发展建设，到 20 世纪 90 年代，大型预制混凝土板材住宅占苏联所有住房的 75%。然而这些装配式建筑的外观和质量却不尽如人意。工业化建造要求简单、系列化生产的建筑构件，以及标准化的平面和立面，从而导致一种过于简化的建筑形式。前东德的大型砌块系统和条板系统极易发生墙体裂缝；后来的大型面板结构，如 WBS70 系统，基于房间的大小，具有带完成面的外墙和集成的窗户元件，并使用装饰瓷砖。然而在莱比锡，这些住房仅使用 39 种组件中的 13 种来节省成本，不可避免地导致了城市风貌的单调。西柏林、慕尼黑、巴黎的很多住宅区也产生了同样的问题。与之相应的，法国建筑师 Emile Aillaud 和西班牙建筑师 Ricardo Bofill 则采用凹凸起伏的外墙板或采用从历史建筑外观中汲取灵感的预制混凝土立面板设计，以减少巴黎郊区住宅的平庸和单调。基于效率考虑的大规模、工业化建造的住宅区由于未能及时应对社会情况的变化也带来了诸多问题。Corviale 项目位于罗马郊区，长达 1 千米，包含 8000 名居民，其延续了柯布西耶"联合住宅"思想，却因诸多复杂的社会原因并没有达到解决住房的目的，沦落为贫民窟。1972 年，由于居民结构上的缺陷，美国的 Pruitt Igoe 住宅区被拆除，这被视为这种建筑失控的典型案例。1968 年英国伦敦采用丹麦 Larsen Nielsen 十字交叉状纵横墙承重系统建造的 Ronan Point 住宅刚刚建成，就因燃气爆炸而部分倒塌，虽然之后证明倒塌与建筑结构体系无关，但社会层面和技术层面的问题都导致了预制建筑的发展逐渐放缓。而工业化住宅建筑的负面形象从 20 世纪 90 年代以来也发生了变化。德国建筑师 Stefan Forster 间隔性移除了一个 180 米长的大板建筑的七个单元，并将其改造成八个四层楼高的"叠加别墅"。法国建筑师 Lacaton 和 Vassal 则使用模块化的钢筋混凝土或钢结构阳台单元，对若干原有的预制社会住宅进行扩展更新。另外对装配式建筑维护结构的热工性能的提升改造在欧洲成为热点议题，都在意图延长装配式建筑的生命周期。

3. 建筑工业化 3.0 时代：信息化、产业化（20 世纪末至 21 世纪初）

20 世纪末期，住宅产业化发展有了新的变化，开始注意住宅产品多样化、功能化，美国、日本、丹麦、法国是当时的典型代表。美国的结构学家巴克敏斯特·富勒极力推动构件工业化生产，先后发明了轻质金属房屋，第一代、第二代、第三代多边最大限度利用能源住宅；成功设计出用轻质构件制造穹顶，主张在"城市中建满这种房子"。在这种背景下，美国的建筑工业化迅速发展，预制装配式住宅产品社会化、商品化、专业化程度都很高，深深影响着国民经济各领域。高层钢结构住宅达到通用化、标准化、干作业；独立的木结构、钢结构在工厂生产、现场组装，总体实现干作业，具有种类丰富、功能多样的室内外装修材料及设备设施，建筑材料品种齐全，使用说明书规范。住宅质量有保证、工业化程度高，是当时美国装配式的重要特点。同时，亚洲的新加坡也积极发展装配式住宅，其建屋发展局开发的组屋体系都采用装配式技术，可建 15～28 层的高层住宅。

2000 年以后，随着信息化时代的到来，CAD 软件、BIM 技术、网络技术和通信技术等在装配式建筑领域得到广泛应用，建筑工业化更加高效，集成，节能，更加个性化，风格化，有效促进了装配式建筑技术体系的完善和管理水平的提升，"通用体系""开放式建筑"和"百年住宅"概念开始形成，装配式建筑的发展具备了产业化条件，装配式建筑产业链在发达国家开始建立和完善。美国纽约迷你公寓项目意在为人口逐年激增的纽约市的年轻人提供买得起的迷你公寓。项目包括了 55 个预制单元，每个单元的面积为 370 平方英尺，层高为 10 英尺。这个项目的住宅单元包括设备装修全部在工厂完成，建造则在现场拼装，极大地降低了建造成本，提高了建设速度以及迷你公寓的居住质量。

4. 建筑工业化 4.0 时代：节能化、智能化（2010 年至今）

随着德国主导的工业 4.0 时代——第四次工业革命的到来，发达国家的人们对生活质量和环境也提出了更高要求，装配式建筑的内涵出现了升华，开始向着人本设计、环保建造和智能居住的方向发展，装配式建筑的科技、人本和文化内涵不断增强，建筑工业化进程与工业革命进程同步开启。伴随着 BIM 技术的成熟，3D 打印等高科技技术手段进入建筑领域，而 4.0 时代将重新界定以设计为主导的地位，建筑设计不在被模数所限制，不仅可以打印小件物品，而且这项技术甚至可以彻底颠覆传统的建筑行业。2013 年，荷兰建筑事务所 Universe Architecture 以莫比乌斯环为原型，利用 3D 打印技术创造了这座"没有起点也没有终点"的建筑——Landscape House。在带状的房屋里，天花板与地板相互轮换，扭曲的空间给人奇妙的视觉体验。

在这一阶段，各国大力开发大型混凝土板预制装配式体系，形成以通用部件为基础的装配体系，逐步探索实现装配低碳化、个性化、绿色化。瑞典在新建住宅中，通用部件使用率达 82%；单位建筑面积能耗较传统住宅节约 25% 以上。在丹麦，其将建筑模数法制化，鼓励标准化构件，降低消耗。在日本，政府大力支持装配式建筑发展，解决其住宅人均资源和能源贫乏的问题，积极学习欧洲先进国家的 PC 技术经验，实现"PC 技术产业化、规模化建立""PC 技术新型工业化的开发"向"迎接新挑战，PC 深化发展"的过渡。20 世纪 80 年代，日本又将预制装配式住宅向精细化、寿命持久化方面发展，构建了"百年住宅建设系统"。在美国，预制混凝土协会（PCI）积极研究、推广预制建筑，相关标准、规范非常完善，尤其在结构预制构件和建筑预制外墙，实现预制构建大型化和预应力相结合，优化主体结构配筋及构件连接，使制作、安装工程量大大减少，降低了消耗，加快了建造进度，推动了预制装配式标准化、工业化和技术经济化。目前，新西兰、日本、美国等国都形成了完善的预制装配式技术规程，美国的工业化住宅建设和安全标准（HUD）就是典型代表之一，在政府的支持下，众多专家学者努力研究，预制装配式各项技术逐步完善，装配式建筑日益实现低碳环保、绿色发展。

四、装配式建筑的特点

装配式建筑拥有工期短、批量化、质量可靠、环保等优点，让其在迅速发展的城市化建设进程中广受青睐。在武汉"抗疫"期间，中国建筑集团下属单位中建三局参建医院展现出的"中国速度"让世界为之惊叹。火神山和雷神山等医院之所以能够迅速建成，除了一群夜以继日的建设者，还与采用了先进的装配式建筑技术密不可分。

（一）装配式建筑的突出优势

有利于提高施工质量。传统建筑采用在现场制作安装的方式，施工工人不同，建造出来的产品质量也不同，无法控制建筑物品质。而装配式建筑利用人工智能和数字化的生产线，可以把误差控制在毫米级，零件拼接的误差越小，建筑越稳定，一面墙即使拆分为上百块再拼接起来，经测试也能承受八级地震的破坏。预制外墙与现浇段的接触面均设置水洗面、键槽、橡胶止水带，采用微膨胀混凝土浇筑，消除后浇段混凝土连接处渗漏质量风险。

有利于加快工程进度。传统现浇混凝土建筑需要支模板、浇筑混凝土、养护、拆模板等步骤，建造一层需要 5~7 天。而装配式建筑只需要将构件运到施工现场通过焊接、浆锚方法进行节点连接就可以了，施工速度可以达到 1 天一层，施工速度大大提高。例如，新冠肺炎疫情期间，火神山和雷神山医院仅用 10 天就完成建设，该医院建造就地取材，利用施工单位现有库存，用集装箱进行模块化拼装成医疗单元，对于有特殊高度要求的 ICU、医技部采用"轻钢结构＋钢制复合板"，让大众看到了装配式施工在效率上的巨大优势，紧急时刻只有装配式建筑才能如此快速地完成建造。对于精装交房的项目，装配式建筑的部品和构件可在工厂加工、现场组装，水电及内装修可在主体施工阶段穿插进行，进一步降低了装配式建筑的总工期。

有利于降低工程造价。大量的建筑部件，如外墙板、内墙板、叠合板、阳台、空调板、楼梯、预制梁、预制柱等都由车间生产加工完成，减少了现场混凝土浇筑量、抹灰量和砌筑量，集中式的生产大大降低了工程成本。装配式施工将整个建筑由一个项目变成一件产品，构件越标准，生产效率越高，成本就越低，配合工厂的数字化管理，整个装配式建筑的性价远非传统的建造方式可比。不同于传统建筑那样必须先做完主体才能进行装饰装修，装配式建筑可以将各预制部件的装饰装修部位完成后再进行组装，实现了装饰装修工程与主体工程的同步，减少了建造过程，降低了工程造价。

有利于保证品质。装配式建筑实现了构件的装配式结合，体现出较高的结构强度，良好的抗震性能。在进行装配式建筑建造时，使用大批保温性能较好的材料，墙与墙之间还加入了隔层（"三明治"墙体结构：混凝土＋保温隔热层＋混凝土），给房屋带来更好的防火、防水、隔热、隔音效果和更加舒适和安全的居住体验。

有利于环境保护、节约资源。由于部品构件在工厂生产，现场只需拼装，在火神山现场和方舱医院现场，几乎很少见到建筑垃圾，工人也主要采用机械化方式作业，大大减少了人工物力，在疫情期间起到很好的防交叉感染风险。据专家测算，传统的建筑施工每万平方米会产生建筑垃圾 500～600 吨。相比之下，装配式建筑施工可降低30%左右的废物、废渣以及大气的污染，每平方米建筑面积的水耗降低64.75%，节约木材76%，节约传统钢管架体的投入93%，节约用地37%，人工减少47.35%，垃圾减少58.9%。装配式建筑与常规建筑施工情况比较如表1-1所示。

表1-1　装配式建筑与常规建筑施工情况比较

	装配式建筑	常规建筑
构配件	工厂定型流水线加工产品	现场工人、人工钢筋工、木工、混凝土工等施工
设备	大型机械设备吊装	小型手工设备，组织大量人工完成混凝土
精度要求	现场安装到位，尺寸要求较高	每层结构现场完成，尺寸精度较低
安全管理	现场安全管理重点在机械设备、工人专业化水平培训，安全人员管理要求较高	现场安全管理注重工人施工过程
施工进度	加快现场施工进度	施工工艺较多，施工进度缓慢
场地环境	现场场地管理较好，环境管理好	现场物件较多，环境管理难度加大
现场装饰	现场适合定型住宅办公类装饰（因加工定型施工组装）	现场二次装修较适合（因人工施工工艺可变化）

资料来源：中国装配式建筑网。

（二）装配式建筑的劣势

由于仍处于发展的初级阶段，装配式建筑的优势并未完全发挥，还存在一些发展弊端和瓶颈阻碍。例如，传统现浇建筑工程成本由直接费（直接工程费和措施费）、间接费（规费和企业管理费）、利润和税金组成。装配式建筑工程成本的构成，除传统现浇建筑成本构成中所包含的费用外，还增加了预制构件的生产制作成本、运输成本以及施工现场制构件安装成本。根据张建国等的《装配式混凝土工程与传统现浇工程成本对比分析》中提及，目前各种预制构件平方米造价都比现浇高,其中夹心保温外墙高出较多,楼梯、空调板比较接近。从住建部发布的《装配式建筑工程消耗量定额》来看,装配式混凝土结构低层住宅建造成本约为2152元/平方米,高层住宅2416元/平方米;装配式钢结构高层住宅建造单价约为2776元/平方米,而相比之下现浇混凝土房屋建造成本低于2000元/平方米,装配式建筑成本较普通现浇成本高7.6%~38.8%,装配式建筑成本高企依然是制约其发展的最大瓶颈之一。从装配率角度来看,房屋建筑成本随着装配率的提升而增加,主要体现在材料费(预制混凝土和钢结构)、运输费等方面,但同时也可以发现人工费用占比随着装配率的提升明显下降。

除成本外,供应链体系不完善、标准不规范、技术不成熟、市场认可度不高等因素都成为制约装配式建筑发展的其他因素。据统计我国建筑业企业管理型人员的平均年龄在四十七八岁,并呈现逐年递增的趋势,这远远超过了一个企业管理层年龄的平均值。未来随着老龄化加剧,这个问题会越来越突出。但目前,装配化并不像想象中那般被接受。据有装配式项目从事经验的人介绍,目前国内的装配式建筑也只是处于起步阶段。"我们做的装配式建筑项目,主要是政府工程,比如安置房、医院、学校等。"实际上,除政策鼓励外,地方政府还会强制要求某些项目中装配式建筑要达到一定比率。2019年,南京大多数土拍基本都要求拿地房企装配式建筑面积达到100%。"如果在自愿选择的情况下,我会选择浇筑式施工。"上述项目负责人称。他称,装配式建筑目前在国内很难大规模普及,其中一个原因是设备的制约。施工吊车有承重限制,而由混凝土预制的墙面容易超过塔吊承重。另一个原因则是国内装配式建筑的预制墙缺少统一规格,墙面厚度、长宽都存在差异,这就为后期装配带来很多问题。而且,国内装配式建筑的配件生产并没有大规模走上机械化,仍然需要大量人工,这导致建造成本要高于传统现场浇筑方式。"我曾经做过的一个装配式安置房项目,一面预制墙的成本高达2000元,而同样一面传统砖砌墙的成本也就600多元,差距相当大。"上述项目施工负责人称。不仅建筑施工人员不待见,就连购房者也对装配式建筑心存疑虑。部分市民对装配式建筑的第一印象就是"简易房、安置房，粗糙、漏水、质量差"，传统现浇筑楼房仍然是房市中的首选。仅以这次广受关注的武汉两座医院为例，火神山医院采用的是集装箱房，而雷神山医院为钢架临时建筑，目前已经关闭备用。而17年前的小汤山医院，在使用之后被拆除。在2019年7月的一场湖北省房地产行业装配式发展研讨会上，参会专家总结了装配式建筑难普及的四大问题：产业上游各个环节单打独斗，集成效益难发挥；设计集成度低；整体工程成本较高；缺乏行业标准，社会认可度不高。

第二章　国外装配式建筑发展概况

现代意义上的"装配式建筑"起源于工业革命，并持续发展，从全球视角看建筑业近百年来的发展，以住宅产业化为主要特征的建筑工业化先在以西方为主的工业发达国家崛起，在快速满足人们住房需求的同时，建筑工业化推动了建筑业生产方式变革，大幅提高了建筑业生产效率，并逐步普及。

第二次世界大战后，西方国家大量的建筑物被摧毁，国民住房问题亟待解决，装配式建筑因工作效率高被各国大力推崇。20 世纪 60 年代，西方国家再次出现了注重质量和效率的装配式建筑的浪潮。主要发达国家建筑现代化推进已经较为成熟，建筑业相对成熟、完善。工业化程度高的发达国家均曾开发出各类装配式建筑专用体系，如英国 L 板体系、法国预应力装配框架体系、德国预制空心模板墙体系、美国预制装配停车楼体系、日本多层装配式集合住宅体系等。代表国家如美国、日本、法国、新加坡等装配式建筑渗透率均达到或超过 70% 。装配式建筑在国外已成为主要的建造方式，如法国、瑞典、德国等装配率已占到建筑结构的 80% 以上，尤其是日本在 20 世纪 90 年代推出采用部件化工业化生产方式、高生产效率、住宅内部结构可变、适应居民多种不同需求的中高层住宅生产体系，形成系统严格的建造、管理模式。这些国家的经验都为我国装配式住宅的发展提供了借鉴。

一、美国装配式建筑

美国在 20 世纪 70 年代能源危机期间开始实施配件化施工和机械化生产。美国建筑风格主要源于欧洲，尤其受英国、法国、德国和西班牙等国的影响，目前其装配式建筑风格呈现自由、多元、简约和现代等特点；美国西部受环太平洋地震带影响，为地震多发区，结构设计需重点考虑地震影响；美国南部受太平洋飓风影响，对装配式建筑的外形、材质和结构体系有一定要求。美国城市住宅结构基本上以工厂化、混凝土装配式和钢结构装配式为主，降低了建设成本，提高了工厂通用性，增加了施工的可操作性。2000 年，美国通过产业化装配住宅改进法律，明确装配住宅安装的标准和安装企业的责任。在经历了产业调整、兼并及重组之后的美国装配建筑产业初具规模，装配住宅产业化也开始向多方面多体系发展。2000 年后，因为政策的推动，美国装配式建筑走上了快速发展的道路，产业化发展进入成熟期，解决的重点是进一步降低装配式建筑的物耗和环境负荷、发展资源循环型可持续绿色装配式建筑与住宅。

在信息时代到来后，数字化语境下的集成装配建筑发展渗透到建造技术的各个层面，诸如"数字化建构""模数协调""虚拟现实""功能仿真"等概念术语在学术界风起云涌。美国建筑界不断深化使用电脑辅助设计建筑，用数控机械建造建筑，借用数字信息定位进行机械化安装建筑。美国建筑管理局国际联合会（ICBO）副主席凯文·伍尔夫教授认为，"美国已经形成成熟的装配住宅建筑市场，装配住宅构件以及部品的标准化、系列化以及商品化的程度将接近 100%"。从研发到安装，美国装配式建筑"六大链"值得借鉴。

第一链：研发。该链节主体是州专科大学与应用技术大学；专业研究机构；

学会与协会研究组织；企业与公司研发部门和实验室。

美国在装配式建筑领域的技术和产品研发方面一直是走在前沿的先进国家，美国有很多大学和应用技术大学都与相关产品和技术研发需求的企业或者企业的研发部门保持着紧密合作的关系，企业根据自身产品和技术革新所需的要求，向大学提出联合或者委托研究，大学在理论和验证性实验方面具备完整的科研体系，能科学地完成相关科研设定目标。而其他专业的独立于大学之外商企研究机构，则在技术与产品革新等方面有着深厚的实用性研究的积累，大大促进了装配建筑产业新技术、新产品的发展。

目前美国装配建筑产业技术研发动向有：美国得克萨斯州立技术大学的装配式门窗户构件性能试验；美国密歇根州立大学研究的住宅装配建筑物能效设计和建筑技术；美国弗吉尼亚技术学校研发的板式装配设计系统；美国采暖制冷与空调工程师学会（有限）公司研发的低层装配住宅建筑物墙骨架因素的特性描述；美国土木工程研究基金（CERF）研究的绿色装配建筑技术；美国全国建造商协会研究中心（NAHBRC）的全国绿色装配建筑项目的开发；美国得克萨斯州立技术大学和风科学和工程研究中心研发的未来模块化装配住宅试验；美国佛罗里达大学与西门伯格中心合作开发的可选择的装配建筑系统技术；美国弗吉尼亚技术学校住宅研究中心研发的住宅建造现场阶段Ⅰ、阶段Ⅱ和阶段Ⅲ装配产业化。

第二链：生产建造。在装配式住宅与建筑的生产建造方面，美国的企业大多数是以往主要生产休闲的交通设备，后来拓展业务开始生产装配建筑的部品构件。此类企业的特点有：由于运输成本的关系，这类企业的地区化特点比较明显；市场份额向大型的专业化的跨区域经营的装配建筑公司集中；大型企业在每个区域设立生产点。

在产业化发展中，美国装配式住宅与建筑的生产建造企业还有以下特点：

部品构件生产企业：全美国现有装配建筑部品与构件产业化企业3000～4000家，所提供的通用梁、柱、板、桩等预制构件共八大类五十余种产品，其中应用最广的是单 T 板、双 T 板、空心板和槽形板。这些构件的特点是结构性能好、用途多，有很大通用性，也易于机械化生产。

美国模块工程制造业从设计到制作已成为独立的制造行业，并已走上体系化道路。在生产品种方面，该产业为了竞争、扩大销路，立足于品种的多样化；全美国现有不同规格尺寸的统一标准模块 3000 多种，在建造建筑物时无须砖或填充其他材料。

现场建造与施工企业：在产业化现场施工方面，美国装配建筑分包商的专业化程度很高。据《美国统计摘要》资料，2016 年统计的全美国装配建筑总承包商为 9.76 万家，大型工程承包商 0.49 万家，而专业承包商则为 3.20 万家。

这些装配建筑承包商的专业分工很细：混凝土工程 0.84 万家，钢结构安装 0.40 万家，装配工程 1.33 万家，建筑设备安装 0.13 万家，楼面铺设和其他楼板安装 0.52 万家，屋面、护墙、金属板工程 1.38 万家，其他装配建筑承包商 1.47 万家；为在装配建筑业实现高效灵活的"总/分包体制"提供了保证。

美国装配式住宅与建筑的生产建造主要由五类企业完成：一是大板住宅生产商：用工厂生产的预制构配件，包括墙板、屋架和楼板体系等建造的房屋，为大板住宅，分通用和专用墙板体系两种。建房者可购买整套预制构配件，并按当地建筑法规建造安装。大板住宅制造商占美国住房生产商最大的份额并且具有相当典型性。其中包括以下三种不同的类型：

（1）传统大板住宅生产商：通常通过建筑经销商来销售他们的产品；

（2）木结构住宅建造商：他们直接将产品出售给住户或者通过经销商来出售产品；

（3）其他结构体系住宅生产商：他们生产轻钢、轻混凝土、加气板材等产品。

二是住宅组装营造商：这些公司通常在大都市中心的郊区建造独户住宅和公寓式住宅楼。美国 4900 多个大的建筑生产商中 95% 以上优先采用屋顶预制构架，同时使用其他工厂制造的零部件，如预制地板构架和墙板等。

美国住宅预制构件的迅速增长，首先是因为劳动力成本高和现场建设花费大，其次是因为一些较大的建筑生产商通常有自己的部件生产工厂。住宅组装营造商直接将他们的房屋出售给住户，不通过经销商等中间环节。

三是住宅部件生产商：即独立生产住宅构件、住宅配件的工厂，美国约有3500个住宅部件生产商。他们将住宅部件、配件出售给住宅组装营造商。住宅部件生产商通常按照一定的流水线来生产屋顶构架、地板构架、墙板或者门窗等构配件，同时也生产楼梯、汽车库等其他住宅组成部分。

四是特殊单元生产商：即生产安装住宅中各种类型特殊功能单元的生产商。美国约有570家特殊单元生产商，每年平均建造1400个特殊装配式单元，他们既可通过经销商也可采用直销的方式来销售产品。特殊单元不仅用于装配式住宅，还可用于技术要求更高的装配式公共建筑，如学校、办公、银行、医院等。

五是多类型装配式住宅分包商：即活动住宅/模块住宅/大板住宅的分包商，这类分包商与多个生产商交易，主要承揽基地准备、基础设施配套、监理住宅施工。

以上各类型企业或独立运营或相互配合，具有一套完善的装配住宅与建筑生产流程，其流程包括以下阶段：合同洽谈及工程设计；工厂生产及加工装配；基础设施及避雷处理；结构施工及屋面安装；内外装饰及设备安装；完工交接。

美国装配建筑界的整个生产建造周期在产业化程度方面十分成熟，不仅缩短了住宅生产周期，也使装配式住宅与建筑的性能得以保证。

第三链：运输。美国各地装配建筑用料与材料的现场运输一般都外包，而且全部由专业公司承担。但是运输的过程受到高速公路相关条例的严格限制：对运输的时间、日期、每天运送的次数、运载房屋的大小、重量都有严格的限制。此外，承担运输的公司同时兼营挖掘、搬运、清理现场垃圾等业务。在旧建筑拆除方面，有几百家小公司专门从事控制爆破拆除技术，同时兼营场地平整、托运等项目。

第四链：零售。在美国各地的市场上，关于装配式住宅与建筑的部品与构件样式齐全，而且轻质板材、装修制品以及设备组合构件、花色品种繁多、可供用户任意选择。用户可通过产品目录，买到所需的产品。这些装配式构件结构性能好，有很大通用性，也易于机械化生产。美国发展装配住宅与建筑材料的特点是基本上消除了现场湿作业，同时具有较为配套的施工机具。特别是厨房、卫生间、空调和电器等设备近年来逐渐趋向组件比，以提高工效、降低造价，便于非技术工人安装。

美国在产业化发展装配建筑产品的零售方面，其特点还有：符合标准产品一般通过专业零售渠道进入市场；消费者可以选购或个性化定制；直销模式逐渐显露；工厂生产商的产品有15%~25%的销售是直接针对建筑商；大建筑商并购生产商或建立伙伴关系大量购买住宅组件，通过扩大规模，降低成本；多类型装配式住宅分包商，与多个生产商进行活动住宅、模块住宅、大板住宅等交易的销售业务。

第五链：金融服务。美国是一个典型的以财团投资为主的商业经营型的产业金融服务市场，产业信贷成为产业发展机制和财团投资的中心，完善和发达的产业信贷系统，有力地支持了美国许多大中小装配建筑与建材企业拥有自己的发展。

目前，美国产业金融服务市场已发展成为市场体系相对独立和完善的、政府调节的、多种信用交织成网络的、世界上规模最大的产业金融服务市场。但在装配建筑产业方面，金融服务的特点有：与其他房地产建筑的"不动产"贷款不同，对于装配建筑与建材企业的贷款方式更类似于汽车贷款的"动产贷款"；此类贷款一般利率较高而且条件苛刻。此外，零售商有时扮演借贷经纪人从中牟利，使消费者不能充分享受装配式住宅的低成本生产的优势。

第六链：安装。在美国，安装被认定是装配式住宅与建筑的最后一道工序。2000年美国国会颁布的《装配式住宅改进法案》，就装配式住宅使用过程中的多项责任给安装企业及其主管部门界定了相关的法律依据。此外，美国的安装机械设备租赁业较发达。据《美国统计摘要》显示，在装配式住宅与建筑界，美国现有10多家年租金额达20亿美元的安装设备租赁公司。装配建筑机械租赁业的发展提高了机械的利用率，避免了企业资金积压，也推动了装配建筑界的产业化发展。

二、新加坡装配式建筑

新加坡的建筑工业化水平是得到国际认可的，新加坡开发出 15～30 层的单元化的装配式住宅，占全国总住宅数量的 80% 以上。通过平面的布局，部件尺寸和安装节点的重复性来实现标准化以设计为核心设计和施工过程的工业化，相互之间配套融合，装配率达到 70%。作为一个与世界建筑工程规范和技术接轨的国家，新加坡自 20 世纪 70 年代开始采用装配式建造方式，20 世纪 80 年代将装配式引入住宅领域，1992 年政府在福利性组屋等项目中强制使用预制部件，由政府主导推动装配式建筑的普及。具体而言，新加坡政府 1992 年成立建筑生产力工作小组，推广预制构件的使用，要求外墙预制化，研发推广装配式建筑设计；1999 年，政府发布 21 世纪建筑报告，明确将推广装配式建筑设计与预制构件的使用，并设立装配率指标；2001 年新加坡政府又出台了装配式建筑法规，并在 2010 年和 2014 年间相继颁布两个建筑生产力路线图，分别提出综合模块化集成建设与预制厂建设规范、预制构件制造与装配设计的规范；2017 年，政府发布工业转型蓝图。在推动装配式建筑发展的过程中，新加坡政府时刻关注劳动力节省的数据，关注在推广过程中发展出来的新技术，建立了评估体系，对适用和高效的技术予以奖励，同时对评估系统进行改进和调整。这种推进方式使预制部件生产能力稳步提升，同功效条件下的人力使用量稳步降低，混凝土预制构件使用可重复利用的模具制造以及产品制作的温度、湿度可控性好，精度更高，质量更有保证。为了充分提高模具的使用效率并提高模具的适用性，打通建筑设计环节尤为重要，如向设计师推荐、优选甚或限定建筑部件（如楼梯踏步高度）的规格尺寸等，可使构件生产标准化程度大幅提高，减少浪费，降低生产成本。新加坡政府给大部分国民享受的福利房组屋，就做了很多类似的规定，如层高首层 3.6 米，往上每层 2.8 米等。值得一提的是，新加坡规定了组屋设计中的楼梯踏步高为 175 毫米，这就避免了因踏步高度的细微差别，导致楼梯构件生产模具不能重复利用的问题。反观我国目前建筑规范楼梯踏步为 150 毫米以上，不超过 175 毫米，但是因为设计师无约束地任意选取楼层高度，导致楼梯踏步在 150 ~ 175 毫米变化，甚至出现同一个项目中几个楼梯踏步高度不一致的情况，可想而知这在装配式建筑中势必会增加构件生产的难度，造成浪费。因此，根据装配式建筑构件的生产特点，制定标准化的规范是政府今后推动工作的首要任务。新加坡装配式建筑在类型上并不局限，PC 构件可以根据不同的使用条件与钢结构、木结构进行巧妙结合，在地面组合后再做整体吊装，从而大幅度减少工期。各式各样的成功案例在新加坡政府的推动和奖励下得以实施，取得了明显成效。对采用新技术、新工艺的案例，政府给予经济补贴和奖励，大大促进了企业研究创新。

2014 年 11 月，新加坡政府首次在 Yishun Avenue 4 综合发展项目中规定强制使用 PPVC 技术。之后，陆续有选择地在出让土地时即增加了使用 PPVC 技术的条件。迄今，高达 35% 的政府福利性组屋建设已采用 PPVC 新技术。PPVC 技术的箱体主要分为以钢结构为主和以混凝土为主两类。钢结构制造简单、结构轻巧，可以做跨度大的箱体，总重相对较轻，工地现场拼接简单，工地现场像集装箱一样码摆，箱体上下左右连接处加连接件焊牢。但是新加坡消防法规对它的使用限制较多，住宅等消防安全等级要求高的建筑一般采用混凝土构件做主结构，底盘一般为钢筋混凝土，轻钢龙骨吊轻屋顶装饰，连接处以钢筋交叉错接，现浇混凝土，整体比单一竖向结构连接稳固得多。有的做法为箱体下空，钢筋混凝土、防水结构等做顶部，像板凳一样摞起来后二次处理地面。箱体上下左右之间的结构连接后，做上下水、电、消防设施、控制系统等连接，装饰拼接部位做缝隙装饰。总体来说，是在基础完成后，先做楼梯井，并拼装好楼梯，以此作为续拼装箱体的定位基准点和结构横向稳固支撑的依靠。

新加坡的装配式建筑施工现场给我国建筑业的从业者带来很大震撼，如在一个政府建设的6层混凝土装配式标准化工厂中，他们采用预制柱，用200吨履带吊车完成了单件重达50～70吨的整张隔墙板的现场吊装，工地现场也可快速进行大型预制件的拼装。此项目顶楼3层为职工宿舍，预制组件实现精装修，现场拼合，类似集装箱吊装，30天完成3层宿舍的建设，大大缩短了整个标准化工厂的建设周期。随着构件组合程度的提高，施工现场已出现400吨履带吊车，构件发展趋势是越来越大、越来越重，组合程度也越来越高，因此配套设计和构件在工厂内的生产、构件的运输以及构件的现场装卸和吊装都需要丰富的经验技术，这些都是我国建筑业从业者需要学习和借鉴的。

三、日本装配式建筑

日本1968年提出装配式住宅的概念。1969年，《推动住宅产业标准化五年计划》被制定出来，日本广泛开展了对材料、设备、制品标准、住宅性能标准、结构材料安全标准等方面的调查研究，加强住宅产品的标准化工作，对房间、建筑部件、设备等尺寸提出了建议。从20世纪70年代开始，在日本，住宅的部件尺寸和功能标准有固定的体系。只要厂家是按照标准生产出来的构配件，在装配建筑物时都是通用的。日本创立了优良住宅部品认定制度，这一制度就是对住宅部品的质量、安全性、耐久性等诸多内容进行综合审查。经过几十年的发展，日本住宅生产Ⅳ化已经完全可以做到"如同生产汽车一样生产房屋"。大量部件通过机器生产，产品标准的固定化，以及整个建筑过程的精准化，使日本成为住宅产业化的标志性国家，也成为世界学习的对象。

在1990年的时候，他们采用部件化、工厂化生产方式，高生产效率，住宅内部结构可变，适应多样化的需求。而且日本有一个非常鲜明的特点，从一开始就追求中高层住宅的配件化生产体系。这种生产体系能满足日本的人口比较密集的住宅市场的需求，更重要的是，日本通过立法来保证混凝土构件的质量，在装配式住宅方面制定了一系列的方针政策和标准，同时也形成了统一的模数标准，解决了标准化、大批量生产和多样化需求这三者之间的矛盾。

日本的标准包括建筑标准法、建筑标准法实施令、国土交通省告示及通令、协会（学会）标准、企业标准等，涵盖了设计、施工等内容，其中由日本建筑学会 AIJ 制定的装配式结构相关技术标准和指南。1963年成立日本预制建筑协会在推进日本预制技术的发展方面做出了巨大贡献，该协会先后建立 PC 工法焊接技术资格认证制度、预制装配住宅装潢设计师资格认证制度、PC 构件质量认证制度、PC 结构审查制度等，编写了《预制建筑技术集成》丛书，包括剪力墙预制混凝土（W－PC）、剪力墙式框架预制钢筋混凝土（WR－PC）及现浇同等型框架预制钢筋混凝土（R－PC）等。

四、欧洲（德国）装配式建筑

德国以及其他欧洲发达国家建筑工业化起源于20世纪20年代，其推动原因主要有：城市化发展需要以较低的造价、迅速建设大量住宅、办公和厂房等建筑。1975年，欧洲共同体委员会决定在土建领域实施一个联合行动项目。项目的目的是消除对贸易的技术障碍，协调各国的技术规范。在该联合行动项目中，委员会采取一系列措施来建立一套协调的用于土建工程设计的技术规范，最终将取代国家规范。1980 年产生了第一代欧洲规范，包括 EN1990—EN1999（欧洲规范 0 至欧洲规范 9）等。1989 年，委员会将欧洲规范的出版交予欧洲标准化委员会，使之与欧洲标准具有同等地位。其中 EN1992 – 1 – 1（欧洲规范 2）的第一部分为混凝土结构设计的一般规则和对建筑结构的规则，是由代表处设在英国标准化协会的《欧洲规范》技术委员会编制的，另外还有预制构件质量控制相关的标准，如《预制混凝土构件质量统一标准》EN13369 等。总部位于瑞士的国际结构混凝土协会（FIB）于 2012 年发布了新版的《模式规范》MC2010。模式规范 MC90 在国际上有非常大的影响，经历 20 年，汇集了 5 大洲 44 个国家和地区的专家的成果，修订完成了 MC2010。相较于 MC90，MC2010 的体系更为完善和系统，反映了混凝土结构材料的最新进展及性能优化设计的新思路，将会起到引领的作用，为今后的混凝土结构规范的修订提供一个模式。MC2010 建立了完整的混凝土结构全寿命设计方法，包括结构设计、施工、运行及拆除等阶段。此外，FIB 还出版了大量的技术报告，为理解模式规范 MC2010 提供了参考，其中与装配式混凝土结构相关的技术报告，涉及了结构、构件、连接节点等设计的内容。

这里重点分析德国装配式建筑及全装修的发展。众所周知，德国是世界上建筑能耗降低幅度发展最快的国家，直至近几年提出零能耗的被动式建筑。从大幅度的节能到被动式建筑，德国都采取了装配式的住宅来实施，实现装配式住宅与节能标准相互之间充分融合。

在 20 世纪 20 年代以前，欧洲建筑通常呈现为传统建筑形式，套用不同历史时期形成的建筑样式，此类建筑的特点是大量应用装饰构件，需要大量人工劳动和手工艺匠人的高水平技术。随着欧洲国家迈入工业化和城市化进程，农村人口大量流向城市，需要在较短时间内建造大量住宅办公和厂房等建筑。标准化、预制混凝土大板建造技术能够缩短建造时间、降低造价因而首先应运而生。

德国最早的预制混凝土板式建筑是 1926～1930 年在柏林利希藤伯格 - 弗里德希菲尔德（Berlin - Lichtenberg, Friedrichsfelde）建造的战争伤残军人住宅区。该项目共有 138 套住宅，为 2～3 层楼建筑。如今该项目的名称是施普朗曼（Splanemann）居住区。该项目采用现场预制混凝土多层复合板材构件，构件最大质量达到 7 吨。第二次世界大战结束以后，由于战争破坏和大量战争难民回归本土，德国住宅严重紧缺。德国用预制混凝土大板技术建造了大量住宅建筑。这些大板建筑为解决当年住宅紧缺问题做出了巨大贡献，但今天这些大板建筑不再受欢迎，不少缺少维护更新的大板居住区已成为社会底层人群聚集地，导致犯罪率高等社会问题，深受人们的诟病，成为城市更新首先要改造的对象，有些地区已经开始大面积拆除这些大板建筑。

目前，德国的公共建筑、商业建筑、集合住宅项目大都因地制宜并根据项目特点，选择现浇与预制构件混合建造体系或钢混结构体系建设实施，并不追求高装配率，而是通过策划、设计、施工各个环节的精细化优化过程，寻求项目的个性化、经济性、功能性和生态环保性能的综合平衡。随着工业化进程的不断发展，BIM 技术的应用，建筑业工业化水平不断提升，德国在建筑上采用工厂预制、现场安装的建筑部品越来越多，占比也越来越大。各种建筑技术、建筑工具的精细化不断发展进步。小范围有钢结构、混凝土结构、木结构装配式技术体系的研发和实践应用。单层工业厂房采用预制钢结构或预制混凝土结构在造价和缩短施工周期方面有明显优势，因而一直得到较多应用。

德国贺府（HUF）公司在德国传统木构桁架建筑（Fachwerkbauten）的基础上，从 20 世纪 60 年代开始研发新型木构桁架建筑体系，继承传统木构建筑工艺，将大量优秀的工匠手艺，构造施工技术挖掘整理。逐步转化为工厂化生产、现场组装，并不断融入最新建筑科技成果，转化为高品质的工艺与产品。这一过程经过几代人的努力和沉淀，形成了自己独特的技术体系，特别是在舒适、健康环保和生态节能方面有突出成就。从木结构的材料加工，到现代化的外围护结构、遮阳保温设备、先进的能源系统、生态节能技术体系、卫生间上下水隔声系统等，设计师始终把建筑艺术美感和舒适环境、人性化放在首位，通过工业化精确加工，形成高品质整体房屋产品。德国多层住宅大多采用钢筋混凝土加砌体结构，电梯核心筒多采用现浇结构，墙体大多为混凝土构造柱结合人造石灰砂岩砖等大尺寸砌块。部分墙体采用叠合墙板加现浇，楼板多采用预制叠合楼板加现浇形式。楼梯采用预制构件或现浇形式建造都很常见。德国高层及超高层住宅建设量不多。法兰克福塔是德国目前最高的居住建筑。建筑高度达到 172 米，共有 412 个公寓单元，建筑面积（不含停车楼）为 44000 平方米。建筑采用钢筋混凝土核心筒，外立面采用管状阳台，造型独特，为工业化生产部件现场组装而成，这种阳台设计可提供开敞视野和私密性及遮阳功能。

在室内装修方面，德国并不刻意追求高比例的预制化率，建筑上采用何种装修技术、产品，主要取决于房屋产品功能品质要求及经济因素。在办公等公共建筑上，吊顶、隔墙，架空地面等部位大量采用工厂化产品，现场干作业施工安装。在建筑单元重复率较高的建筑中，如经济型酒店、养老院等，有整体卫浴、整体装饰墙板等技术的应用。在较高品质要求的酒店及主流住宅产品上，更多地采用现场施工，包括必要的瓷砖、地砖湿作业。轻质隔墙大多采用轻钢龙骨石膏板隔墙系统。德国室内装修所采用的上下水系统、电器系统的产品品质相当高，室内装修的施工质量整体较好。

德国商品住房的销售提供较高的个性化装修选项。独栋或双拼别墅，通常是业主购买建设用地，自己委托建筑师设计或选择不同类型的工厂化预制别墅建造系统，房屋内部装修的所有内容都可以挑选定制。多层、高层公寓类商品住房也提供相当高的个性化室内装修。住宅户内非承重墙位置（房间分割方式）、室内门位置，卫生间布置、室内灯具位置、电气开关、插头的数量和位置等可以根据购房者需要进行调整改变，当然上述设计修改费用不菲。德国商品房室内装修风格基本上都是现代简洁风格。室内装修材料可在菜单中选择不同品牌、不同价格的瓷砖、地板、墙面装修、室内门、玻璃门、卫生洁具、卫生间五金件、玻璃淋浴隔断等。所有个性化装修须在设计阶段进行，避免在工地上拆改产生垃圾，价格透明。

德国全装修住房一般不包含橱柜，由于德国许多公寓采用开放式厨房，厨房与客厅合为一体，橱柜成为客厅家具的重要组成部分，橱柜的色彩、材料质感对室内整体家居风格影响较大，且橱柜的档次和价格差别巨大，因而开发商难以选择几种橱柜做成菜单来满足大部分客户的需求，一般是开发商根据购房者确定的橱柜设计，预留上下水、电器点位、铺好瓷砖，客户从橱柜生产厂家自行定制橱柜。德国商品房全装修的质量控制主要通过以下四个方面实现。

一是行业标准高。德国建筑装修各项内容都有详细的技术质量标准，施工合同中工程质量、验收方法等都以此为准，对施工方有较强约束力，如果没有达标赔偿责任重大，因而可有效保证工程质量。德国室内装修工程相关标准非常全面细致。对各种建筑材料、产品、分项工程都有详细标准。例如，德国的木地板种类划分较细，仅实木地板就分为条块实木地板（Stabparkett）、马赛克拼花木地板（Mosaikparkett）、薄实木地板（Lamparkett）、竖向层压实木地板（Hochkantlamellenparkett）、大厅实木复合地板（Parkettdiele）、大厅实木地板（Massivdiele）、高档大面积拼花实木地板（Tafelparkett）等不同种类，木地板各种相关标准有近百种。德国石材/陶瓷地板相关标准也非常细致，特别是对材料的各种性能（物理、化学、力学、抗老化、耐久性等）、黏结剂的性能、质量要求、有害物释放、检测方式等做出详细规定。相关标准也有数十种。其他建筑材料与部品如地毯、涂料墙漆也都有详细标准。

二是产品质量高。德国建筑装修所使用的材料和产品的质量普遍较高、有害物质含量较低。通过建筑产品质量市场准入限制、产品质量认证体系、产品环保性能认证，产品环保性能声明、配合监管体系和高额违规惩罚措施，使市场上流通的建筑产品普遍具有较高的质量和环保性能。

三是施工质量高。建筑室内装修需要专业熟练工人，只有这样才能保证装修工程的质量。德国建筑行业有悠久的手工艺工匠精神传统，进入工业社会以来，德国通过建立与现代化工业相适应的职业培训教育和管理体制，使工匠精神得以传承和发扬光大，专业工匠有较高的收入和一定社会地位，各专业工种的工匠后继有人。

四是高水平简洁自然的设计。德国新建居住建筑室内装修多为现代简约风格，较少采用复杂装修，个性化室内风格主要依靠家具、软装、饰品实现。新建住宅很少用复合板材对墙面、天花板等部位进行装饰，几乎没有在现场进行家具制作、喷涂油漆等施工，有效降低由于大量使用各种复合板材、粘结剂等产品造成的污染排放，因而很少有新建住宅室内空气有害物超标的情况。

从德国建筑工业化的发展可以看出，20 世纪初伴随着人口流向城市以及战后居住空间严重缺乏的情况下，人们试图通过预制混凝土大板（PC）建造技术，快速解决住房缺乏的问题，由于当时的规划指导思想的局限性以及经济及技术条件的限制，PC 建筑过分强调整齐划一，建筑单元、户型、建筑构件大量重复使用，造成这类建筑过分僵化，缺乏特色，缺少人性化。有些采用预制混凝土大板（PC）技术建造的城区成为失业者、外来移民等低收入、社会下层人士集中的地区，带来较严重的社会问题，部分项目被迫拆除。预制混凝土大板建造技术德国从 20 世纪 90 年代以后基本没有在建项目应用，取而代之的是追求个性化的设计，应用现代化的环保、美观、实用、耐久的综合技术解决方案，通过精细化、模数化的设计，使大量建筑部品可以在工厂里加工制作，并且不断优化技术体系，如可循环使用的模板技术，叠合楼板、多种复合预制外墙板、预制楼梯等。

五、国外装配式建筑标准体系概况

美国城市发展部出台了一系列严格的行业标准规范，一直沿用至今，并与后来的美国建筑体系逐步融合。总部位于美国的预制与预应力混凝土协会（PCI）编制的《PCI 设计手册》，其中就包括了装式结构相关的部分。该手册不仅在美国，而且在整个国际上也是具有非常广泛的影响力的。从 1971 年的第一版开始，《PCI 设计手册》已经编制到了第 7 版，该版手册与 IBC2006、ACI318 - 05、ASCE7 - 05 等标准协调。除《PCI 设计手册》外，PCI 还编制了一系列的技术文件，包括设计方法、施工技术和施工质量控制等方面。

美国、欧盟、日本等发达国家和地区都针对装配式建筑发展过程中的问题进行了关键技术研究并提出了相应标准化解决方案，编制了包括装配式混凝土结构、钢结构、木结构、构件部品等在内的装配式建筑标准。美国国会于 1976 年通过了国家工业化住宅建造及安全法案（National Manufactured Housing Construction and Safety Act），联邦政府住房和城市发展部颁布了《美国工业化住宅建设和安全标准》（*National Manufactured Housing Construction and Safety Standards*，HUD），美国预应力协会和美国混凝土协会分别制定 PCI 设计师系列手册和《预制蜂窝混凝土地板、屋顶和墙单元指南》等系列标准。瑞典在完善的标准体系基础上发展通用部件，并将模数协调的研究作为基础工作，形成"瑞典工业标准"（SIS），实现了部品尺寸、对接尺寸的标准化与系列化。日本制定了《工业化住宅性能认定规程》及配套的工业化住宅性能认定制度，且各类住宅部件（构配件、制品设备）工业化、社会化生产的产品标准十分齐全，部件尺寸和功能标准都已成体系；以装配式混凝土结构为例，日本建筑学会（AIJ）编制了《预制钢筋混凝土结构规范》《预制钢筋混凝土外挂墙板》等标准。

第三章 国内装配式建筑
发展现状与趋势

一、中国装配式建筑业发展概述

我国建筑业工业化历程大致可分为四个阶段：建筑工业化最早期、建筑工业化起伏期、建筑工业化提升期、建筑工业化快速发展期。在 20 世纪 50 年代建筑工业化最早期阶段，我国开始学习苏联的多层砖混经验。1950～1975 年，我国全面学习苏联，包括各式建筑设计规范全部译自俄文。期间国务院印发了《关于加强和发展建筑工业的决定》，强调建筑业必须积极地往"设计标准化、构件生产工业化、施工机械化"方向发展。在国家推动下，一度几乎所有的建筑都有"预制装配元素"。1976～1995 年，我国建筑业工业化步入了 20 年漫长的起伏期，经历了停滞、发展、再停滞的波折发展。1976 年唐山大地震调查表明，按照当时规范而建造的预制装配式建筑抗震性能差，倒塌严重。震后全国划分了抗震烈度区，颁布了新的建筑抗震设计规范，现浇板成为主流；随后，提出了"四化、三改、两加强"，建筑工业化迎来一轮高峰，标准化设计体系快速建立，大批大板建筑、砌块建筑纷纷落地。80 年代末，因防水、冷桥、隔声等一系列问题的出现，加之现浇混凝土机械化的出现，装配式建筑的发展再次骤然止步。1996～2015 年，我国建筑工业化进入了发展提升期。1999 年发布了《关于推进住宅产业现代化提高住宅质量的若干意见》，明确了住宅产业现代化的发展目标、任务、措施等。但住房的商品化、多样化要求，大量廉价劳动力进城就业等因素致使现浇体系大规模发展，此阶段装配式建筑占比依旧较低，发展缓慢。从 2016 年开始我国建筑业工业化步入快速发展期。进入"十三五"以来，国务院发布《关于进一步加强城市规划建设管理工作的若干意见》后，装配式建筑市场规模呈显著的加速发展态势，我国建筑工业化正式步入快速发展期。国务院《关于大力发展装配式建筑的指导意见》提出"力争用 10 年左右的时间，使装配式建筑占新建建筑面积的比例达到 30%"。2017 年住建部进一步明确装配式建筑的发展规划：到 2020 年，全国装配式建筑占新建建筑的比例达到 15% 以上，其中重点推进地区达到 20% 以上，积极推进地区达到 15% 以上，鼓励推进地区达 10% 以上。根据前瞻产业研究院发布的《2018 - 2023 年中国装配式建筑行业市场前瞻与投资规划深度分析报告》预计，按照上述方案对"2020 年装配式建筑占新建建筑面积比例达 15% 以上"的要求测算，2020 年装配式建筑面积有望超过 80000 万平方米，以每平方米 2500 元测算，市场规模将超过 2 万亿元。未来，雄安新区 80%～90% 都将是装配式建筑；北京仅保障房全装配式建筑规模就达 240 万平方米，位居全国首位。如今，装配式建筑如雨后春笋般速度"席卷"全国，届时，替代传统粗放式建设的一定是装配式建筑。

二、中国装配式建筑业总体规模分析

根据 2020 年 5 月住建部公布的《全国装配式建筑发展状况分析》，2019 年全国装配式建筑发展概况如下。

（1）发展规模情况。

据统计，2019 年全国新开工装配式建筑 4.2 亿平方米，较 2018 年增长 45%（见图 3-1），占新建建筑面积的比例约为 13.4%。2019 年全国新开工装配式建筑面积较 2018 年增长 45%，近 4 年年均增长率为 55%。总的来看，近年来装配式建筑呈现良好发展态势，在促进建筑产业转型升级、推动城乡建设领域绿色发展和高质量发展方面发挥了重要作用。

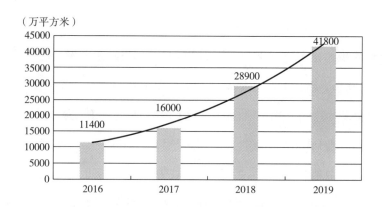

图 3-1　2016～2019 年全国装配式建筑新开工建筑面积

资料来源：中国路面网。

（2）各区域发展情况。

重点推进地区引领发展，其他地区也呈规模化发展局面。根据文件划分，京津冀、长三角、珠三角三大城市群为重点推进地区，常住人口超过 300 万人的其他城市为积极推进地区，其余城市为鼓励推进地区。2019 年，重点推进地区新开工装配式建筑占全国的比例为 47.1%，积极推进地区和鼓励推进地区新开工装配式建筑占全国比例的总和为 52.9%，装配式建筑在东部发达地区继续引领全国的发展，同时，其他一些省市也逐渐呈规模化发展局面。上海市 2019 年新开工装配式建筑面积 3444 万平方米，占新建建筑的比例达 86.4%；北京市 1413 万平方米，占比为 26.9%；湖南省 1856 万平方米，占比为 26%；浙江省 7895 万平方米，占比为 25.1%。江苏、天津、江西等地装配式建筑在新建建筑中占比均超过 20%。

从近三年的统计情况上来看，重点推进地区新开工装配式建筑面积分别为 7511 万平方米、13538 万平方米、19678 万平方米（见图 3-2），占全国的比例分别为 47.2%、46.8%、47.1%，这些地区装配式建筑政策措施支持力度大，产业发展基础好，形成了良好的政策氛围和市场发展环境。

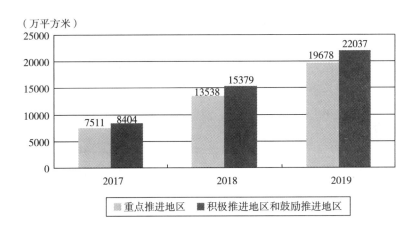

图 3-2　2017~2019 年三类地区装配式建筑新开工面积

资料来源：中国路面机械网。

（3）结构类型发展情况。

从结构形式看，依然以装配式混凝土结构为主，在装配式混凝土住宅建筑中以剪力墙结构形式为主。2019 年，新开工装配式混凝土结构建 2.7 亿平方米，占新开工装配式建筑的比例为 65.4%；钢结构建筑 1.3 亿平方米，占新开工装配式建筑的比例为 30.4%（见图 3-3）；木结构建筑 242 万平方米，其他混合结构形式装配式建筑 1512 万平方米。

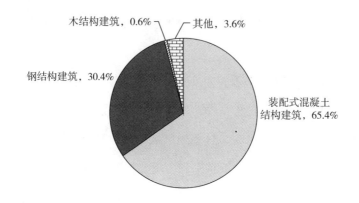

图 3 - 3 2019 年新开工装配式建筑按结构形式分类

资料来源：中国路面机械网。

2019 年，住房和城乡建设部批复了浙江、山东、四川、湖南、江西、河南、青海 7 个省开展钢结构住宅试点，指导地方明确了试点目标、范围以及重点工作任务，组织制订了具体试点工作方案，落实了一批试点项目。随着试点工作的不断深入，钢结构住宅的标准规范、技术体系、产业链和监管制度将逐步完善，为钢结构装配式住宅发展奠定良好基础。

（4）建筑类型应用情况。

近年来，装配式建筑在商品房中的应用逐步增多。2019 年新开工装配式建筑中，商品住房为 1.7 亿平方米，保障性住房 0.6 亿平方米，公共建筑 0.9 亿平方米，分别占新开工装配式建筑的 40.7%、13.4% 和 21.6%（见图 3 - 4）。在各地政策支持引领下，特别是将装配式建筑建设要求列入控制性详细规划和土地出让条件，有效推动了装配式建筑的发展。

（5）政策措施出台情况。

自《国务院办公厅关于大力发展装配式建筑的指导意见》出台后，全国 31

个省（自治区、直辖市）均出台了推进装配式建筑发展的相关政策文件。2016～2019 年，31 个省（自治区、直辖市）出台装配式建筑相关政策文件的数量分别为 33、157、235、261 个，不断完善配套政策和细化落实措施。特别是各项经济激励政策和技术标准为推动装配式建筑发展提供了制度保障和技术支撑。

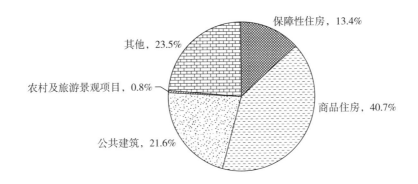

图 3 - 4　2019 年新开工装配式建筑按建筑类型分类

资料来源：中国路面机械网。

（6）技术标准支撑情况。

经过多年的实践积累，装配式混凝土建筑形成了多种类型的技术体系，建立了结构、围护、设备管线、装修相互协调的相对完整产业链。2019 年，住房和城乡建设部发布了《装配式混凝土建筑技术体系发展指南（居住建筑）》，科学引导各地装配式混凝土技术发展方向。一些龙头企业的钢结构住宅试点项目为钢结构住宅发展提供了实践探索和积累。2016～2019 年，31 个省（自治区、直辖市）出台装配式建筑相关标准规范的数量分别为 95、95、89、110 个，为装配式建筑发展提供了扎实的技术支撑。

（7）产业链发展情况。

在政策驱动和市场引领下，装配式建筑的设计、生产、施工、装修等相关产业能力快速提升，同时还带动了构件运输、装配安装、构配件生产等新型专业化公司发展。据统计，2019 年我国拥有预制混凝土构配件生产线 2483 条，设计产能 1.62 亿立方米（见图 3-5）；钢结构构件生产线 2548 条，设计产能 5423 万吨（见图 3-6）。新开工装配化装修建筑面积由 2018 年的 699 万平方米增长为 2019 年的 4529 万平方米。

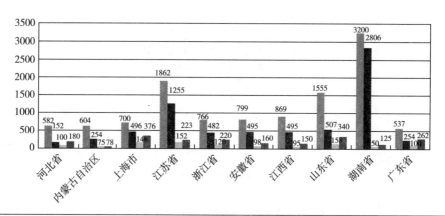

图 3-5　2019 年装配式混凝土构件生产企业及产能情况（产能排名前 10 省市）

资料来源：中国路面机械网。

（8）全装修发展情况。

据统计，2019 年，全装修建筑面积为 2.4 亿平方米，2018 年为 1.2 亿平方米，增长 1 倍。其中，2019 年装配化装修建筑面积为 4529 万平方米，2018 年这一指标为 699 万平方米，增长水平是 2018 年的 5.5 倍，发展速度较快，但总量还是偏少（见图 3-7）。

（9）质量和品质提升情况。

各地住房和城乡建设主管部门高度重视装配式建筑的质量安全和建筑品质提升，并在实践中积极探索，多措并举，形成了很多很好的经验。一是加强了关键环节把关和监管，北京、深圳等多地实施设计方案和施工组织方案专家评审、施

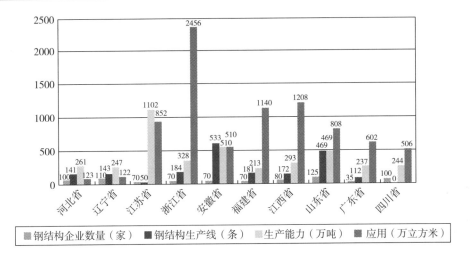

图 3－6　2019 年钢结构企业及产能情况（产能排名前 10 省市）

资料来源：中国路面机械网。

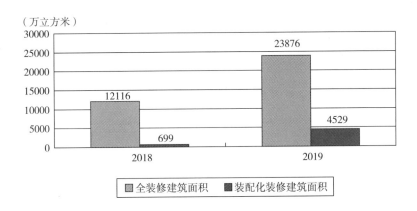

图 3－7　2018～2019 年新开工全装修与装配化装修建筑面积

资料来源：中国路面机械网。

工图审查、构件驻厂监理、构件质量追溯、灌浆全程录像、质量随机检查等监管措施。二是改进了施工工艺工法，通过技术创新降低施工难度，如北京市推广使用套筒灌浆饱满度监测器，有效解决了套筒灌浆操作过程中灌不满、漏浆等问题。三是加大了工人技能培训，各地行业协会和龙头企业积极投入开展产业工人技能培训，推动了职工技能水平的提升。四是装配化装修带动了建筑产品质量品质综合性能的提升，如北京市公租房项目采用装配式建造和装配化装修，有效解决了建筑质量通病问题，室内维保报修率下降了70%以上。

（10）人才和产业队伍情况。

近年来，我国装配式建筑项目建设量增长较快，对于装配式建筑的人才需求尤其强烈。2018年、2019年，经人力和社会资源保障部批准，由中国建设教育协会、中国就业培训技术指导中心、住房和城乡建设部科技与产业化发展中心联合举办了两届全国装配式建筑职业技能竞赛。该活动对于提高装配式建筑产业工人技能水平、推动企业加大人才培养力度、增强装配式建筑职业教育影响力具有重要导向意义。一些职业技能学校和龙头企业积极培养新时期建筑产业工人，为装配式建筑发展培养了一大批技能人才。北京、上海、深圳等地也纷纷出台人才培养措施，包括加大职业技能培训资金投入，建立培训基地，加强岗位技能提升培训，广泛开展技术讲座、专家研讨会、技术竞赛等培训活动，采取多种措施满足装配式建筑建设需求。

作为建筑工业化的发展重心，中国装配式建筑市场正迎来爆发式的增长机遇。根据住建部公布的资料，当前我国装配式建筑行业发展也存在如下突出问题。

（1）标准化程度低。

当前，我国装配式建筑构件标准化、模数化程度较低。由于设计环节缺乏标准化和模数化的理念指导，导致实际应用中不同规格尺寸的构件多，模具用量大，通用化生产水平低，生产、堆放、运输、安装等各个环节的管理相对困难，生产效率低，模具摊销成本和人工成本高，未能发挥装配式建筑优势。

（2）建设模式创新不够。

目前，应用EPC工程总承包的装配式建筑项目数量较少，工程总承包项目的管理水平也有待提升。多数地区工程总承包相关政策指导文件尚不明确，具有承接工程总承包项目能力的企业数量不足，全产业链各环节协同工作不足，不能实现整体效益最大化。

（3）信息化发展滞后。

装配式建筑是建筑信息化发展的重要载体。目前，建筑信息模型（BIM）虽有一定的研发和实践，但总体上推进缓慢，基本还停留在设计或模拟、展示层面，缺少对设计、生产、物流、施工全产业链的统筹应用。多数地区未建立信息化管理平台，信息化、智能化总体水平偏低。

考虑到我国装配式建筑还有巨大提升空间，国家对装配式建筑行业发展政策持续加码，产业扶持力度及针对性逐渐加大，同时装配式建筑相较现浇模式造价优势将逐渐显现，我们认为未来装配式建筑行业值得期待。根据政策要求，预计我国 2020 年新建装配式建筑占新建建筑比例达到 15%，2025 年进一步达到 30%。我国装配式建筑行业目前及未来发展空间（见表 3-1）。参考住建部 2016 年 11 月发布的《装配式建筑工程消耗量定额》，每平方米装配式建筑造价取不同类建筑之中位数 2231 元/平方米，考虑到人工成本逐年上升，规模效应致材料费用下降，我们假设中短期单位成本装配式建筑平均价格维持 2231 元/平方米。据此测算，我们预计 2020 年/2025 年对应市场空间分别为 7849 亿元和 1.57 万亿元，装配式建筑行业未来将保持高速成长。

装配式建筑中钢结构建造方式占比大约 21%，政策推广力度正在持续加大，增速有望超过装配式行业发展速度。2019 年 3 月住建部发布《住房和城乡建设部建筑市场监管司 2019 年工作要点》，明确提出开展钢结构装配式住宅建设试点。选择部分地区开展试点，明确试点工作目标、任务和保障措施，稳步推进试点工作。推动试点项目落地，在试点地区保障性住房、装配式住宅建设和农村危房改造、易地扶贫搬迁中，明确一定比例的工程项目采用钢结构装配式建造方式，跟踪试点项目推进情况，完善相关配套政策，推动建立成熟的钢结构装配式住宅建设体系。若 2020 年装配式钢结构占装配式建筑比例达到 30%，则对应市场空间 2355 亿元，2019～2020 年平均增长率可达 46%。

表 3-1　我国装配式建筑行业目前及未来发展空间

房屋新开工面积增速		-5%			0%			5%		
年份	装配式建筑占比（%）	房屋新开工面积（亿平方米）	装配式建筑面积（万平方米）	金额（亿元）	房屋新开工面积（亿平方米）	装配式建筑面积（万平方米）	金额（亿元）	房屋新开工面积（亿平方米）	装配式建筑面积（万平方米）	金额（亿元）
2018	10	20.9	20930	5233	20.9	20930	5233	20.9	20930	5233
2019	12	19.9	23860	5965	20.9	25116	6279	22	26372	6593
2020	15	18.9	28334	7083	20.9	31395	7849	23.1	34613	8653
2021	18	17.9	32301	8075	20.9	37674	9419	24.2	43612	10903
2022	21	17	35800	8950	20.9	43953	10988	25.4	53425	13356
2023	24	16.2	38869	9717	20.9	50232	12558	26.7	64110	16028
2024	27	15.4	41541	10385	20.9	56511	14128	28	75730	18933
2025	30	14.6	43849	10962	20.9	62790	15698	29.5	88352	22088

资料来源：中国装配式建筑网。

三、中国装配式建筑业企业分析

从装配式建筑全产业链来看，其过程涉及装配式建筑技术研发、咨询、前期规划设计、构件生产、运输、装配化施工、一体化装修等。装配式建筑技术研发、咨询主要由相关研发、科研机构以及高校等主导，如中建标准院、中建科技；前期规划主要由各大设计院完成，如湖南省建筑设计院、启迪设计、中衡设计、华建集团；设备制造主要由各机械厂家参与，如三一集团、河北新大地、德州海天、天意机械；构件生产主要由各部品生产企业参与，如远大住工、精工钢构、鸿路钢构；装配式施工大多由传统施工企业完成，如北京住宅产业集团、上海建工、成都建工、山东万斯达；一体化装修则依赖于传统装修公司，如金螳螂、东易日盛、亚厦股份。

借鉴国外发达国家预制装配式混凝土建筑与住宅产业化发展的成功经验，结合我国行业基础和现状，对我国未来预制装配式混凝土建筑与住宅产业化发展前景进行了预测并总结如下：

（1）形成领军的龙头企业。

根据日本的产业化发展经验，在发展初期，在社会化程度不高、专业化分工尚未形成的条件下，只有通过培育龙头企业才能使技术体系和管理模式逐步成熟，发挥各种大型专业企业的领军作用，才能带动全行业的发展。

（2）确立工程总承包的发展模式。

预制装配式混凝土建筑从设计、建造到施工的各个环节，都对从业人员提出了更高的专业技术要求，因此，成立一支专业化的、协作化的建筑工业化工程总承包队伍尤为重要。采用工程总承包的发展模式，在研发设计、构件生产、施工装配、运营管理等环节实行一体化的现代化的企业运营管理模式，可以最大限度地发挥企业在设计、生产、施工和管理等一体化方面的资源优化配置作用，实现整体效益的最大化。

我国建筑工业化尚处在初级阶段，装配式建筑产业链有待整合和完善，企业模式较为单一。工程总包全产业链目前主要有三种企业模式：

1）资源整合模式。以万科等房地产企业为主，具有资金优势和项目开发的带动能力。但不擅长装配式技术的研发和创新，对于设计、生产、施工的现场把控能力较弱。

2）施工承包带动模式。主要是中南建设集团等施工企业，有专业的施工团队，施工优势明显，但对市场把控较弱，对产业链各环节的协调能力较差。

3）工程总包全产业链模式。以中建国际为代表，拥有较强的设计、融资、建造一体化的运营运作能力，业务范围全面而专业，具备了装配式建筑产业链上几乎所有环节需要的能力，可提供项目规划设计、管理、生产、施工和专项技术研发等全方位工程服务。

在装配式建筑大力推广的初期，行业分工尚未形成，工程总包全产业链模式可以实现设计咨询、构件生产和建筑施工等环节的整合，工厂的产能可得到更充分的利用，中间环节成本的降低也可弥补构件成本的劣势。我们认为，工程总包全产业链模式将会在未来十年装配式建筑高速发展的阶段最为受益。

（3）形成成熟的、多样化的技术体系。

未来发展的趋势是逐步完善预制装配剪力墙结构体系关键技术，发展高强混凝土技术和预应力技术，进一步研发预制/预应力框架结构体系和预制/预应力框架剪力墙结构体系，形成系列化、多样化的技术体系支撑，保障整个行业的健康发展。

（4）形成通用体系。

通用体系是采用定型构件的方法，以部品构件及连接技术的标准化、通用性为基础，一个构件厂生产的构件能在各种类型的房屋之间互换通用。通用体系适合组织构配件生产的专业化和社会化，是更有利于高度机械化、自动化的工艺，是一种完美的工业化形式，必然是未来发展趋势。

（5）形成成熟的 SI 体系。

SI 体系是将主体结构体系（Skeleton）与户内装修及设备填充体系（Infill）完全分离，在主体结构体系强调耐久与安全性能的同时，装修与设备则注重灵活性与更新改造的方便。这种理念是指通过将住宅骨架和基本设备与住户内的装修和设备等明确分离，从而延长住宅的可使用寿命。因为骨架寿命一般较长，而装修和住宅用设备老化较快，如不能改装设备与更新装修，建筑将不能再继续使用。我国及一些发达国家近年来一直致力于 SI 体系的研发和推广，相信在不久的将来，一定会形成适合预制混凝土结构的成熟的 SI 体系住宅。

（6）向公共建筑、工业建筑领域拓展。

随着高强混凝土技术和预应力技术的发展，预制装配式混凝土建筑向大跨、重载的公共建筑和工业建筑领域拓展，更能充分发挥结构的经济效益，是未来必然的发展趋势。

（7）全面应用BIM信息化技术。

在预制装配式混凝土建筑"规划—设计—施工—运维"全生命期中的应用BIM技术，以敏捷供应链理论、精益建造思想为指导，建立以BIM模型为基础，集成虚拟建造技术、RFID质量追踪技术、物联网技术、云服务技术、远程监控技术、高端辅助工程设备（RTK/智能机器人放样/3D打印机/3D扫描等）等的数字化精益建造管理系统，实现对整个建筑供应链（勘察设计/生产/物流/施工/运行维护）的管理，是未来发展的必然方向。

四、数字化给装配式建筑发展带来的机遇

目前的焦点，已经不是装配式建筑是否可行，而是如何让装配式建筑可行。传统的建筑在工业互联网之下，也开始走向数字化。比如机器人技术和3D打印技术，也可以把理想中的"批量定制"变成现实。中国建筑业协会会长、住建部原总工程师王铁宏表示，建筑业科技跨越主线，核心是数字技术对建筑业发展的深刻广泛影响。"很多建筑业大企业的主要负责同志充分重视该领域科技创新发展，率先在项目管理、企业管理中综合应用BIM（建筑信息模型）以及云计算、大数据、物联网、移动互联网、人工智能以及3D打印、VR/AR、数字孪生、区块链等数字技术。这是中国建筑业可以实现与一些发达国家建筑业并驾齐驱的途径，很有可能是中国建筑业弯道超车、引领世界建筑业发展方向的领域。"愿望很美好，但这条路，并不容易——在疫情的极端情况下，装配式建筑人工相对少、速度快的优势被放大；但当我们逐渐回到正常经济轨道，真正能下决心大

力投资当下并不受青睐的"装配式未来"的建筑企业，可能并不是市场的大多数。但"改朝换代"的机会向来只属于少数人。装配式建筑渗透率从不足10%（中国当前水平）到70%（国际发达水平）的跨越，将利好一批抓住未来的企业，同时深刻改变中国"基建狂魔"的基本面：大力、人多可以出奇迹，而科技手段则更接近奇迹本身。

（1）PC构件市场迎来发展契机。与传统现浇建筑相比，装配式建筑更加强调前期设计、生产和施工的一体化，同时国家政策积极推动支持，装配式建筑产业链各环节的资源整合将成为行业的发展趋势。目前装配式建筑造价高于传统现浇建筑，但未来成本改善空间较大。近年来国家和各地方政府建议装配式项目采用工程总承包模式，实现建筑设计、构件生产和建筑施工等环节的资源整合，降低中间环节产生的成本。2016年以来，国家和各地方政府陆续出台鼓励装配式建筑发展的产业政策，带动了一大批企业进入装配式建筑领域。装配式建筑根据材料形态可分为混凝土结构、钢结构和木结构，在三大结构体系中，装配式钢结构目前应用于超高层建筑以及部分试点的保障住房，装配式混凝土结构（PC）因具有成本相对低、居住舒适度高、适用范围广等优势，在我国占主导地位。2017年所有在建的装配式建筑中，混凝土结构、钢结构和木结构的建筑面积占比分别为60%、34%和6%。因此，众多建筑设计、施工等企业纷纷进入PC领域，在全国掀起投资建设PC构件工厂的热潮，从而带动了PC构件市场的快速发展。

（2）PC构件广泛应用于住宅，工厂集中分布于核心城市群。由于装配式混凝土结构在我国民用建筑应用最为广泛，PC构件主要在住宅建筑上使用，在公共建筑、工业建筑及市政基础设施等领域应用较少。我国住宅建筑中的PC构件主要有预制墙板、预制楼板、预制梁、预制柱等，应用对象以装配整体式结构工程为主。随着全国大力推进装配式建筑，PC行业迎来快速发展，一大批有规模和实力的科研、设计、施工等企业纷纷投资建设PC构件工厂。2016年以来，全国新建的 PC 工厂已超 600 家，截至 2019 年底，全国年设计产能在 3 万立方米以上的 PC 工厂已超 1000 家。由于各地区的政策目标及推进力度不同，全国的 PC 工厂布局分布产生不均衡现象。目前 PC 工厂主要集中在长三角、京津冀等重点推进的大中城市，近期中西部大城市也开始建设 PC 工厂。北京、上海推进装配式建筑的政策力度较大，整体技术管理水平较高，PC 构件市场初具规模；合肥、南京、深圳、济南、成都、长沙、武汉等中心城市制定鼓励发展 PC 的政策，积极推广装配式建筑。根据行业经验，PC 构件的经济运输半径在 150 千米内，而一二线城市的土地资源极为稀缺，综合考虑地价和运输成本等因素，很多 PC 工厂会选址在距核心需求城市 150 千米左右的地区。预计 2025 年，PC 构件市场规模将达到 1307 亿元。

我们预测的 PC 构件市场规模计算公式如下：PC 构件市场规模 = 装配式混凝土建筑的新建面积 × 预制率 × 每平方米混凝土体积系数 × PC 构件单价

（3）PC 构件成本改善空间大，优化装配式设计和规模化生产是关键。目前装配式混凝土结构建筑造价显著高于传统现浇建筑，其中 PC 构件成本在装配式增量成本中占比最高，是制约装配式建筑推广发展的主要障碍。因此，如何降低 PC 构件成本是装配式建筑未来在全国能够大面积推广的关键所在。在 PC 构件成本中，生产成本占比最高，但成本改善空间大，主要有两种方式：一是优化装配式设计可显著降低 PC 构件的直接生产成本和运输费；二是规模化生产可有效降低 PC 构件的间接生产成本、直接生产成本和运输费，提高企业的盈利能力。因此，随着 PC 构件设计水平的不断优化，加之规模化生产的效益，PC 构件成本将呈现下降趋势。

PC 构件成本主要包括生产成本、运输费、营销费用、财务费用、管理费用和税费等。与现浇构件相比，PC 构件增加了工厂生产和物流环节。其中，生产成本占比最高，生产成本分为直接生产成本和间接生产成本。直接生产成本主要包括材料费、人工费、模具费等；间接生产成本主要包括购置土地形成的无形资产摊销、厂房及设备等固定资产折旧等费用的分摊。运输费包含了构件从厂家生产到消费者所在场地的所有运输费用。在 PC 构件成本中，直接生产成本占 55% ~ 65%，其中占比最大的是材料费、人工费和模具费；间接生产成本占 8% ~ 12%，主要系各类资产折旧和费用摊销所致。以叠合楼板为例，与现浇混凝土板相比，装配式叠合楼板的综合单价高出 82%。其中，直接生产成本（人工费、材料费和模具费）和运输费均高于现浇混凝土板。

造成上述四种费用较高的主要原因有：

1）人工费。各生产环节工人的人工费，包括制作人工费、钢筋人工费、修补人工费、辅助人工费等。产品标准化程度低，经常出现异形构件，只能采用固定模台生产，不能实现流水作业；且 PC 构件的钢筋规格和间距不统一，连接部位都有外漏钢筋，无法采用机械代替人工实现批量生产，只能采用人工绑扎，降低了工人的有效工时，从而影响了生产线效率。

2）材料费。目前很多企业缺乏装配式设计经验，只是在传统建筑设计图上进行修改，装配式各环节认识不充分，使在构件生产过程中设计图往往需要修改，造成原材料的浪费。

3）模具费。模具周转次数低，通常钢模具模板的厚度在 6 ~ 10 毫米，理论上可以周转使用 200 次以上。但由于标准化设计程度低，未实现规模化生产，目前行业内模具的重复使用率较低，一般行业平均在 50 次左右，对应模具成本高达 326 元/立方米。

4）运输费。运输费高的原因主要有两个方面：一是设计标准化程度低导致的单车装载率较低；二是运输距离过远导致的单次运输成本较高，一般的经济运输距离为 100 ~ 150 千米。运输距离与运输成本大致呈线性关系，运距越远，成本越高。

目前 PC 构件成本虽然高于现浇构件，但成本改善空间大，主要有两种方式，一是优化装配式设计可显著降低 PC 构件的直接生产成本和运输费，二是规模化生产可有效降低 PC 构件的间接生产成本、直接生产成本和运输费。

（4）优化装配式设计可降低直接生产成本和运输费。通过合理配置钢筋，选用标准化程度高的生产方式，提高构件标准化，可显著降低直接生产成本（材料费、人工费和模具费）和运输费。以恒大某标准楼型的 48 块单向桁架叠合板为对象，从以下四个方面阐述如何通过优化装配式设计降低成本：

1）合理配置钢筋可节省原材料：桁架叠合板的物料组成中，混凝土、桁架钢筋和受力筋占比较大，为影响物料成本的主要因素。在不改变板厚的前提下，优化桁架钢筋和受力钢筋的含量是降成本的重点。合理选用受力钢筋的直径和配筋间距可适当降低含钢量。受力钢筋按规范要求合理配置，含钢量可降低 13.2 千克/立方米，PC 构件单方成本可降低 2.5%。

2）长线法生产显著提高生产效率：桁架叠合板可采用长线法生产或流水台模生产。长线法台模只需在台模中间增加隔断模即可生产任意长度、宽度和高度在一定范围的叠合板，生产线人员采用人员流水配置，不同工种的工人在长台模上流水作业。而流水线台模尺寸固定，依靠边模固定 PC 构件，台模按照节拍时间在流水线的不同工位上流转，生产人员固定在一个工位或临近工位，需在节拍时间完成工作，因此流水线生产对构件的标准化要求较高。采用长线法生产人均砼日产量比流水线高 21%，单线配置人数比流水线少，是较为经济的生产方式，PC 构件成本可降低 2.1%。

3）降低模具费：采用长线法生产时，提高标准构件的比例并增加可拼接构件比例可降低模具用量，PC 单方成本可降低 2.6%。

4）降低运输费：设计通过优化叠合板尺寸装载率可提高 10%，PC 单方成本降低 1%。

综上所述，通过优化装配式设计可降低桁架叠合板单方成本共 8.2%。

（5）规模化生产可降低间接生产成本、直接生产成本和运输费。规模化生产是指工厂有组织、有秩序地按照固定模式进行大批量的生产。在一定的产量范围内，随着产量的增加，平均成本不断降低，即形成所谓的规模经济。同等预制率情况下，装配式项目规模的增加可显著减少增量成本。在 PC 预制率 30% 的剪力墙结构中，项目规模增加一倍，增量成本可显著降低 47%。通过规模化生产，可有效降低 PC 构件的间接生产成本、直接生产成本和运输费。

1）规模化生产降低间接生产成本：PC 构件企业作为一般意义上的制造企业，初始投资的固定成本较大，主要包括土地投资、厂房及设备投资、固定或流动模台等，这些都属于间接生产成本，会分摊到 PC 构件成本中。间接生产成本占比一般为 8%～12%，有的工厂前期投入大，比例甚至会更高。而间接生产成本属于固定成本，不受 PC 构件产量的影响。因此，PC 构件生产有较强的规模效益，规模越大，间接生产成本的分摊就越低，企业的盈利能力也越高。

2）规模化生产降低直接生产成本：以模具费为例，规模化生产使模具重复使用率提高，模具费用变得更低。目前整个行业的模具成本消耗较大，模具费用占 PC 构件成本的比例在 10% 左右，模具周转次数一般在 50 次。若实现规模化生产，模具周转次数从 50 次提高至 200 次时，模具费用可降低 244 元/平方米，降幅高达 75%。此外，规模化生产可提高生产线使用效率，工人的有效工作时间增加，使人工费的分摊也会降低。

3）规模化生产降低运输费：规模化生产帮助企业在运输 PC 构件中赢得运费优惠，且产品的标准化提高了单车装载率，从而降低了 PC 构件成本。通过规模化生产，PC 构件企业可以更好地提高资源使用效率，扩大产量，降低成本，提高企业的盈利能力。实现规模化生产主要有以下四种途径：

①确定适宜的工厂投资规模：确定适宜的工厂投资规模，根据周边市场需求设计一个相对合理的产能水平，为实现规模化生产提供基础。

②提高构件设计标准化水平：在设计初期对各个空间进行标准化的模块拆分，通过对预制构件的模块化、标准化设计，减少构件种类，优化工厂模具，统

一构件边缘衔接设计，达到以少量标准化构件组合满足差异化项目需求的目标，从而为规模化生产创造条件。

③提高生产的柔性制造水平：柔性制造强调对小批量和个性化需求的解决能力。在柔性制造情况下，企业能适应由于市场需求变化和工程设计变更所出现的变动，进行多品种生产，且能实现机器操作最大限度替代人工操作，因而在提高适应能力的同时也能在成本控制方面表现良好，是实现规模化生产的关键因素。

④加强与装配式建筑全流程的协作：PC 构件企业应加强与装配式建筑全流程的协作，解决设计、生产和施工一体化过程中技术与管理的脱节问题，优化资源配置，合理安排生产，为实现规模经济提供保障。

五、成本分析

当前，我国装配式住宅发展趋势良好，受到了各建筑相关企事业单位的热捧。但由于目前我国的装配式建筑的各个方面还没有形成一个完善的体系，大部分企业仍举步徘徊，针对装配式建筑的建造成本更是引起了业内人士的广泛关注。

装配式住宅的建造成本相对较高，比传统方式高出 500 元/平方米左右，同时构件生产企业交纳 17% 的增值税等税收体系的不合理，增加生产成本。不过，业内专业人士却认为建造成本相对较高是暂时的。

建筑工业化必须由工业企业来做，工业化的一个条件就是规模化，没有规模化的工业化，成本会极高。现在的问题在于，有了工业化，才可以降低成本，没有成本的降低根本推行不开。

随着规模化的实现，目前建筑企业的综合成本才会基本等同于传统建造方式。目前，部分先行企业已经找到路径，将产业化的建筑成本报价降低到传统报价的90%，保证即使这样的报价也还能有10%的利润，这是行业平均利润的5~6倍。

那么，如何有效控制装配式建筑成本？

在根据我国各地推行PC工业化预制技术情况进行广泛调研的基础上，从宏观出发，综合考虑预制率与技术实施难度，可将目前PC技术系统按设计施工的技术难度划分为A、B、C三个等级，分别对应：主体结构竖向构件采用预制技术，如框架柱、剪力墙等；主体结构水平构件采用预制技术，如叠合梁、叠合板等；非主体结构采用预制技术，如楼梯板、阳台板等。

而目前，我国高层技术采用PC技术并不普及，即使采用，也以B、C级为主，预制率很低。一方面，主要是PC技术目前尚无法满足现行的基于现浇结构编制的标准规范要求；另一方面，现阶段采用高级PC技术系统的实施难度和建造成本都比较高，与市场竞争力不挂钩。

深入剖析增量成本的构成，综合技术、管理、人工、工程配套设施及运输及环境、工期、税收等多种因素，并与普通现浇结构进行比对分析发现，装配整体式结构和预制装配式结构的工程造价总体分别增加了7%和15%左右。其中，20%~50%的费用由预制工厂产生，如果能够保证与之工厂长期均衡的规模化生产，费用完全可以降低。

此外，目前一些城市还出台了3%的面积奖励政策。据其测算，在没有考虑预制率参数的条件下，如果政策奖励得以落实，采用A级技术建造房屋的建安造价或增加15%~20%，每平方米225~360元，但面积奖励折合补助造价每平方米300~450元，可见，可以利用各地优惠奖励政策弥补短期采用PC技术的增量成本，实现经济效益平衡。

对成本问题的深入剖析，在成本制约规模、规模又影响成本的循环怪圈下，或将有助于形成统一认知，增加企业与市场的信心。

装配式建筑初期投入成本虽然很高，但这也不代表它是难以复制的"奢侈品"。建筑投入不只看建造的初期成本，建成后的维护成本也必须考虑在内。装配式住宅项目在建造阶段的投入可能会多一点，但其后期的维护成本却能大大降低，综合成本其实也不是那么高。

六、国内装配式建筑政策环境

在"环保趋严＋劳动力紧缺"背景下，政策发力装配式建筑。

（一）政策大力推动装配式建筑发展

中央层面持续出台相关政策，大力推广装配式建筑。自 2013 年国家发改委、住房和城乡建设部发布《绿色建筑行动方案》开始，国家就密集制定关于推广装配式建筑的政策文件，在发展规划、标准体系、工程质量、产业链管理等多个方面有明确要求。2016 年 2 月，国务院颁发《关于进一步加强城市规划建设管理工作的若干意见》，力争用 10 年左右时间，使装配式建筑占新建建筑的比例达 30%。

2017 年 3 月，住房和城乡建设部印发了《"十三五"装配式建筑行动方案》，提出了两个总目标：因地制宜制定阶段性目标。到 2020 年，全国装配式建筑占新建建筑的比例需达到 15%以上，其中重点推进地区达到 20%以上；到 2020 年，培育 50 个以上装配式建筑示范城市，200 个以上装配式建筑产业基地，500 个以上装配式建筑示范工程，建设 30 个以上装配式建筑科技创新基地，充分发挥示范引领和带动作用。2019 年 3 月 27 日住建部建设市场监管司发布的"2019 年工作要点"首条工作要点"推进建筑业中重点领域改革，促进建筑产业转型升级"中单独提出要开展钢结构装配式住宅建设试点，系装配式建筑推广政策中首次仅提钢结构试点，同时提出将选择部分地区开展试点，并将于试点地区保障性住房、装配式住宅建设、农村危房改造和易地扶贫搬迁中明确一定比例工程项目采用钢结构装配式建造。此外多项装配式建筑建设、评估标准相继出台，各省/地区相继发布配套政策支持推进装配式建筑实施，明确装配式建筑占新建建筑比例目标，同时提出相关补贴、优惠政策。

除了中央层面制定的政策以外，全国已有31个省（自治区、直辖市）就装配式建筑的发展制定了相关的工作目标，发布了多项激励政策。在政策引领下，我国装配式建筑发展得到市场的广泛关注，各地陆续出台鼓励装配式建筑发展的产业政策，全国各地掀起了推进装配式建筑的发展热潮，尤其是以上海、北京、深圳等为代表的特大城市发展迅速，中东部的大中城市也紧随其后。31个省（自治区、直辖市）地方政府均针对装配式建筑颁布具体的实施意见、规划和行动方案。根据"到2020年提出的装配式建筑占比目标"进行划分，可以分为积极型、稳健型和迟缓型。

积极型：是指那些明确提出到2020年实现装配式建筑占比达到30%以上的目标，占到总数的21%左右。其中包括上海、北京、山东、浙江、江西、四川等。

稳健型：是指制定试点示范期，推广发展期和普及应用期稳步实现目标，到2020年实现装配式建筑占比达到15%~20%，占到总数的38%。其中包括吉林、天津、河北、重庆、江苏、安徽、福建、湖北、广东、广西、贵州等。

迟缓型：是指没有明确阶段性目标或详细目标，或目标与国家发布的一致。这部分省份最多，占到41%。其中包括辽宁、内蒙古、河南、山西、新疆、陕西、宁夏、湖南、深圳、云南、海南、青海等。

从内容看，各省市装配式支持政策类型主要包括用地支持、财政补贴、专项资金、税费优惠、容积率、评奖、信贷支持、审批、消费引导、行业扶持10个小类。

在政策使用比例方面，税费优惠政策超过 90%，其次为用地支持、财政补贴和容积率均超过 50%，最后依次是专项资金、信贷支持、行业扶持、审批、评奖、消费引导。

目前，全国 31 个省（自治区、直辖市）均发布了相关的激励政策，新疆的激励政策类型最多（8 项），其次是四川（6 项）。全国政策激励平均为 4 项，其中激励政策条款数量靠前的省份依次是新疆、四川、黑龙江、河南、湖南、内蒙古、江西、贵州、西藏等。

部分省市装配式建筑目标及补助政策一览：

1. 北京

目标：到 2020 年，实现装配式建筑占新建建筑面积的比例达到 30% 以上。

补助：2020 年 4 月 24 日，北京市住建委联合市规自委、市财政局印发《北京市装配式建筑、绿色建筑、绿色生态示范区项目市级奖励资金管理暂行办法》（以下简称《办法》），《办法》主要有以下亮点：①首次对装配式建筑给予资金奖励。对符合条件的装配式建筑项目奖励 180 元/平方米，单个项目奖励资金最高不超过 2500 万元。②大幅提高绿色建筑奖励力度。以前获得二星级标识的绿色建筑项目奖励 22.5 元/平方米、三星级标识项目奖励 40 元/平方米，此次二星级提高到 50 元/平方米，三星级提高到 80 元/平方米，单个项目最高奖励不超过 800 万元。③装配式建筑和绿色建筑可叠加享受奖励。已享受奖励资金的装配式建筑项目，又取得二星级、三星级绿色建筑运行标识的，分别再给予 30 元/平方米、60 元/平方米的奖励资金，单个项目再奖励资金最高不超过 500 万元。④市区两级共同监督。通过两级管理方式，加强了属地对申报项目的服务和保障、进一步提升了奖励资金的监督管理，多维度保证了奖励资金引导作用的积极落实。

2. 上海

目标："十三五"期间，全市装配式建筑的单体预制率达到 40% 以上或装配率达到 60% 以上。外环线以内采用装配式建筑的新建商品住宅、公租房和廉租房项目 100% 采用全装修。

——《上海市装配式建筑 2016 – 2020 年发展规划》

补助：符合装配整体式建筑示范的项目（居住建筑装配式建筑面积 3 万平方米以上，公共建筑装配式建筑面积 2 万平方米以上。建筑要求：装配式建筑单体预制率应不低于 45% 或装配率不低于 65%），每平方米补贴 100 元。

——《上海市建筑节能和绿色建筑示范项目专项扶持办法》

3. 天津

目标：①2018～2020 年，新建的公共建筑具备条件的应全部采用装配式建筑，中心城区、滨海新区核心区和中新生态城商品住宅应全部采用装配式建筑；采用装配式建筑的保障性住房和商品住房全装修比例达到 100%；②2021～2025 年，全市范围内国有建设用地新建项目具备条件的全部采用装配式建筑。

补助：①给予 A 级装配式建筑 50 元/平方米补贴，单个项目补贴总额不超过 100 万元；给予 AA 级装配式建筑项目 100 元/平方米补贴，单个项目补贴总额不超过 200 万元；给予 AAA 级装配式建筑项目 200 元/平方米补贴，单个项目补贴总额不超过 300 万元。

——《天津经济技术开发区促进绿色发展暂行办法》

②对采用建筑工业化方式建造的新建项目，达到一定装配率比例，给予全额返还新型墙改基金、散水基金或专项资金奖励；经认定为高新技术企业的装配式建筑企业，减按 15% 的税率征收企业所得税，装配式建筑企业开发新技术、新产品、新工艺发生的研究开发费用，可以在计算应纳税所得额时加计扣除；实行建筑面积奖励；增值税即征即退优惠。

——《天津市人民政府办公厅印发关于大力发展装配式建筑实施方案》

4. 重庆

目标：①到 2020 年，全市新开工建筑预制装配率达到 20% 以上；②到 2025

年达到30%以上。

补助：①对建筑产业现代化房屋建筑试点项目每立方米混凝土构件补助350元；②节能环保材料预制装配式建筑构件生产企业和钢筋加工配送等建筑产业化部品构件仓储、加工、配送一体化服务企业，符合西部大开发税收优惠政策条件的，依法减按15%税率缴纳企业所得税。

——《重庆市人民政府办公厅关于加快推进建筑产业现代化的意见》

5. 黑龙江

目标：①到2020年末，全省装配式建筑占新建建筑面积的比例不低于10%；试点城市装配式建筑占新建建筑面积的比例不低于30%；②到2025年末，全省装配式建筑占新建建筑面积的比例力争达到30%。

补助：①土地保障，全省各级国土资源部门要优先支持装配式建筑产业和示范项目用地；②金融服务，使用住房公积金贷款购买已认定为装配式建筑项目的商品住房，公积金贷款额度最高可上浮20%；③招商优惠、科技扶持、财政奖补、税收优惠、行业支持。

——《黑龙江省人民政府办公厅关于推进装配式建筑发展的实施意见》

6. 吉林

目标：①到2020年，创建2～3家国家级装配式建筑产业基地；全省装配式建筑面积不少于500万平方米；长春、吉林两市装配式建筑占新建建筑面积比例达到20%以上，其他设区城市达到10%以上；②2021～2025年，全省装配式建筑占新建建筑面积的比例达到30%以上。

补助：①设立专项资金；税费优惠；②优先保障装配式建筑产业基地（园区）、装配式建筑项目建设用地；③优先推荐装配式建筑参与评优评奖等。

——《吉林省人民政府办公厅关于大力发展装配式建筑的实施意见》

7. 辽宁

目标：①到2020年底，全省装配式建筑占新建建筑面积的比例力争达到

20%以上，其中沈阳市力争达到35%以上，大连市力争达到25%以上，其他城市力争达到10%以上；②到2025年底，全省装配式建筑占新建建筑面积比例力争达到35%以上，其中沈阳市力争达到50%以上，大连市力争达到40%以上，其他城市力争达到30%以上。

补助：①财政补贴；②增值税即征即退优惠；③优先保障装配式建筑部品部件生产基地（园区）、项目建设用地；④允许不超过规划总面积的5%不计入成交地块的容积率核算等。

——《辽宁省人民政府办公厅关于大力发展装配式建筑的实施意见》

8. 河北

目标：到2020年底，综合试点城市40%以上的新建住宅项目采用住宅产业现代化方式建设，其他设区市达到20%以上。

补助：①优先安排建设用地；②对新开工建设的城镇装配式商品住宅和农村居民自建装配式住房项目，由项目所在地政府予以补贴；③增值税即征即退50%的政策。

——《河北省人民政府办公厅关于大力发展装配式建筑的实施意见》

9. 湖南

目标：到2020年，全省市州中心城市装配式建筑占新建建筑比例达到30%以上，其中：长沙市、株洲市、湘潭市三市中心城区达到50%以上。

补助：①财政奖补；纳入工程审批绿色通道；税费优惠；优先办理商品房预售；优化工程招投标程序等；②容积率奖励，对房地产开发项目，主动采用装配式方式建造，且装配率大于50%的，经报相关职能部门批准，其项目总建筑面积的3%～5%可不计入成交地块的容积率核算。

——《湖南省人民政府办公厅关于加快推进装配式建筑发展的实施意见》

10. 山东

目标：2020～2021年，全省新建钢结构装配式住宅200万平方米以上，其中济南、枣庄、烟台、潍坊、济宁、日照、临沂、聊城、菏泽 9 个设区市及淄博淄川区等重点推广地区 150 万平方米以上，培育 5 家以上钢结构装配式建筑龙头企业，推动建设 1 个型钢部件标准化生产基地和 3 个以上钢结构装配式住宅产业园区，探索形成健全有效的钢结构装配式住宅发展机制。

补助：①在建设用地安排上要优先支持发展装配式建筑产业；②享受贷款贴息等税费优惠；③外墙预制部分的建筑面积（不超过规划总建筑面积 3%），可不计入成交地块的容积率核算。

——《山东省人民政府办公厅大力发展装配式建筑的实施意见》

11．江苏

目标：①到 2020 年，全省装配式建筑占新建建筑比例将达到 30% 以上；②到 2025 年全省装配式建筑占新建建筑的比例超过 50%，装饰装修装配化率达到 60% 以上。

补助：①财政扶持政策；②相应税收优惠；③优先安排用地指标；④容积率奖励。

——《江苏省关于加快推进建筑产业现代化促进建筑产业转型升级的意见》

12．安徽

目标：①到 2020 年，装配式建筑占新建建筑面积的比例达到 15%；②到 2025 年，力争装配式建筑占新建建筑面积的比例达到 30%。

补助：①企业扶持政策；②专项资金；③工程工伤保险费计取优惠政策；④差别化用地政策，土地计划保障；⑤利率优惠等。

——《安徽省人民政府办公厅关于大力发展装配式建筑的通知》

13．浙江

目标：到 2020 年，浙江省装配式建筑占新建建筑的比例达到 30%，单体装配化率达到 30% 以上。

补助：①安排专项用地指标；②对满足装配式建筑要求的农村住房整村或连

片改造建设项目，给予不超过工程主体造价 10% 的资金补助；③使用住房公积金贷款购买装配式建筑的商品房，公积金贷款额度最高可上浮 20%；④对于装配式建筑项目，施工企业缴纳的质量保证金以合同总价扣除预制构件总价作为基数乘以 2% 费率计取，建设单位缴纳的住宅物业保修金以物业建筑安装总造价扣除预制构件总价作为基数乘以 2% 费率计取；⑤容积率奖励。

——《浙江省人民政府办公厅关于推进绿色建筑和建筑工业化发展的实施意见》

14. 广东

目标：①珠三角城市群，到 2020 年底前，装配式建筑占新建建筑面积比例达到 15% 以上，其中政府投资工程装配式建筑面积占比达到 50% 以上；到 2025 年底前，装配式建筑占新建建筑面积比例达到 35% 以上，其中政府投资工程装配式建筑面积占比达到 70% 以上。②常住人口超过 300 万人的粤东西北地区地级市中心城区，要求到 2020 年底前，装配式建筑占新建建筑面积比例达到 15% 以上，其中政府投资工程装配式建筑面积占比达到 30% 以上；到 2025 年底前，装配式建筑占新建建筑面积比例达到 30% 以上，其中政府投资工程装配式建筑面积占比达到 50% 以上。③全省其他地区，到 2020 年底前，装配式建筑占新建建筑面积比例达到 10% 以上，其中政府投资工程装配式建筑面积占比达到 30% 以上；到 2025 年底前，装配式建筑占新建建筑面积比例达到 20% 以上，其中政府投资工程装配式建筑面积占比达到 50% 以上。

补助：①优先安排用地计划指标；②增值税即征即退优惠政策；③适当的资金补助；④优先给予信贷支持。

——《广东省人民政府办公厅关于大力发展装配式建筑的实施意见》

15. 广西

目标：①到 2020 年底，综合试点城市装配式建筑占新建建筑的比例达到 20% 以上，城市建成区新建保障性安居工程和政府投资公共工程采用装配式建造的比例达到20%以上，新建全装修成品房面积比例达到20%以上；②其他设区市装配式建筑占新建建筑的比例达到5%以上，新建保障性安居工程和政府投资公共工程采用装配式建造的比例达到10%以上，新建全装修成品房面积比例达到10%以上；③到2025年底，全区装配式建筑占新建建筑的比例力争达到30%，培育15家智能制造企业和数字工厂。

补助：①优先安排建设用地；②相应的减免政策；③报建手续开辟绿色通道。

——《大力推广装配式建筑促进我区建筑产业现代化发展的指导意见》

（二）装配式建筑技术日趋成熟

随着我国装配式建筑评价标准的出台，行业规范体系日趋健全，2019年北京市发布的65项装配式适用技术，为全国大面积推广装配式建筑提供了指导。在三大结构体系中，PC结构因成本最低、居住舒适度高等特点，在民用建筑中应用最为广泛，因此装配式PC技术发展也最成熟。为规范装配式建筑的建造标准，目前国家以及地方已出台200多项行业图集和标准规范，形成完整的标准体系。我国装配式建筑由于各地区技术发展程度不同，早期对装配率等指标没有形成统一规定。2018年2月1日《装配式建筑评价标准》正式实施，建立了对装配式建筑评价的统一量化标准。

国家重视装配式建筑技术发展，研发投入规模大。我国开展装配式建筑技术研发项目600多项，包括国家级100多个、省级300多个，将"绿色建筑及建筑工业化"列入国家重点研发项目。新发布的装配式适用技术具有前瞻性、先进性，易于大面积推广。2019年北京市制定《北京市绿色建筑和装配式建筑适用技术推广目录（2019）》，共推广装配式建筑适用技术65项，覆盖装配式建筑四大系统与生产施工技术，为装配式建筑技术发展提供指导。

特别是装配式PC技术日趋成熟。装配式PC技术覆盖了装配式建筑四大系统（结构系统、外围护系统、设备与管线系统、内装系统）和生产施工。其中，结构系统中应用最多、发展最成熟的是装配式剪力墙结构；外围护系统中预制外墙防水技术是影响建筑质量和安全的关键；由于建造模式的不同，装配式混凝土结构在生产施工环节与传统现浇建筑差异较大，套筒灌浆作为预制构件连接技术在我国应用最多。装配式剪力墙结构是我国目前技术最成熟的一种装配式混凝土结构体系。其中，装配整体式剪力墙结构应用最多，预制部件有剪力墙、叠合楼板、楼梯、内隔墙等。该结构体系工业化程度高，在我国装配式高层住宅（商品房、保障房等）中应用广泛。

预制外墙防水技术及建筑密封胶。装配式混凝土结构（PC）建筑在早期应用中出现了一些问题，发生频率较多的有预制外墙渗漏、预制构件连接不牢靠等。随着装配式混凝土防水、套筒灌浆连接等技术的进步和完善，渗漏、连接问题等将得到有效解决。

预制 PC 构件的连接性能是影响装配式建筑质量及安全的关键因素。国内应用最多的是套筒灌浆连接，灌浆饱满密实度是影响接头连接质量的关键，各国将出浆孔是否均匀出浆或充盈作为灌浆饱满密实度的判定依据。为此，在灌浆施工过程中应重点把控影响密实度的关键环节（连通腔封堵密闭性、浆料流动度、灌浆压力）。

此外，装配式装修技术推动内装工业化发展。装配式装修是将工厂生产的部品部件在现场进行组合安装的装修方式，主要包括干式工法楼面、集成厨房、集成卫生间、管线与结构分离等。与传统室内装修相比，装配式装修可实现节约用水 85%、节能减排 90%、装修精度 100% 等优势。室内精装一体化，无甲醛等有害气体产生，入住时间提前。传统装修使用湿法作业，不仅工期长，而且诸如甲醛超标之类的问题，影响消费者入住体验。采用装配式装修，装修完即可入住，没有甲醛等各种问题。户型可变，满足个性化需求。目前传统住宅设计和住房需求脱节，承重墙多、开间小、分隔死、房内空间无法灵活分割。而装配式房屋，采用大开间灵活分割的方式，根据住户的需要，可分割成大厅小居室或小厅大居室，可以满足个性化需求。政府鼓励新建住宅采用装配式装修。2017 年起，上海要求外环线以内新建住宅全面实施全装修，鼓励使用轻质隔墙、整体厨卫、集成管井等部品部件，进一步减少建筑垃圾，加快推进内装工业化发展。

（三）装配式建筑先进城市发展经验

2017 年 11 月，住房和城乡建设部公布了首批 30 个装配式建筑示范城市和 195 个产业基地名单。2019 年 10 月，住房和城乡建设部又启动了第二批装配式建筑示范城市和产业基地申报工作。试点示范以来，各地认真贯彻落实国家和住房和城乡建设部有关工作部署，出台了各类相关指导意见和鼓励政策，推动了装配式建筑不断向前发展。以北京、山东、深圳、沈阳、上海等在装配式建筑发展先进城市的发展经验进行综述，为我省装配式建筑发展提供参考。

北京经验

北京发展装配式建筑，实际上是以 2010 年发的 125 号文《关于推进住宅产业化的指导意见》为起点的。2014 年北京市政府发布 315 号文，在保障性住房中全面推进住宅产业化建设；2015 年，北京市要求在保障性住房中，全面实施全装修交房，开了全国的先河。北京在全国率先实施面积奖励政策，到 2015 年底累计的装配式建筑试点示范工程奖励面积达到 1.6 万平方米。通州的马驹桥项目，地上建筑面积 16 万多平方米全部采用了装配式建筑。北京市还开展了钢结构的试点，在内装工业化方面也做了很多试点，在农村低层建筑中，包括北新房屋也有技术试点。北京市推行装配式建筑主要的工作措施：一是加大项目落实力度。以土地供应为抓手，在规划审批和土地供应项目立项，施工图审查和施工许可，工程验收，竣工备案环节强化监督和指导，确保装配式项目的落实。二是创新建设管理机制。建立健全适应装配式建筑发展的部品生产监督管理，工程分包管理，质量安全监管，工程造价管理方面的制度。三是强化生产的配套能力。培育一批技术先进、专业配套、管理规范的骨干企业，建设一批绿色、智能、可持续发展的建筑部品生产基地。四是大力发展钢结构建筑。学校、医院优先采用装配式建筑。五是进一步完善标准体系，建立装配式建筑的评价标准，加大科技创新和技术研发。六是发挥示范带动作用。推动技术集成创新，开展"互联网＋建筑行动"，推动装配式建筑产业链各方面与信息化的深度融合，推广建筑信息模型技术的应用。七是加快人才队伍培养教育和培训。2019 年，北京市新建装配式建筑面积 1413 万平方米，占比为 26.9％。

山东经验

在 2017 年住房和城乡建设部公布的首批 30 个装配式建筑示范城市名单中，山东省 5 座城市——济南、青岛、潍坊、烟台、济宁榜上有名，占全国六分之一，该省也成为全国唯一一个拥有 5 座装配式建筑示范城市的省份。这 5 座城市在装配式建筑方面原本拥有良好基础，被列为国家装配式建筑示范城市后，发展势头愈加强劲。据山东省住房和城乡建设厅统计，2016 年至 2020 年 5 月底，济南、济宁、青岛、潍坊、烟台分别累积新开工装配式建筑 2666.62 万平方米、511.46 万平方米、1365.07 万平方米、345.64 万平方米、463.2 万平方米，合在一起总面积达 5351.99 万平方米。山东省级层面和示范城市市级层面在近几年均先后发布多个文件，从完善政策机制、强化约束激励、发展壮大产业、健全技术标准、加强过程监管等多方面推进装配式建筑的发展，潍坊率先对该市装配式建筑制定了定量评价指标，对各地装配式建筑发展实行了工作考核，走在了全国前列。各装配式建筑示范城市制定了一系列财政资金奖励、容积率及预售激励和补贴政策等支持政策，并以此打造建设了一批示范工程，成立了装配式建筑研究中心和 BIM 技术应用中心、装配式建筑评审委员会和专家库，举办了多次装配式建筑技术培训和"装配式建筑职业技能大赛"，对加强装配式建筑高技能人才队伍建设，增强企业核心竞争力和创新能力大有裨益。

上海经验

上海在推进装配式建筑工作方面起步较早，经历了试点期、试点推进期、全面推广期三个阶段，上海的"万科新里程"成为国内第一个装配式建筑项目，2019 年新开工装配式建筑面积 3444 万平方米，占新建建筑的比例达 86.4%，相应装配式构配件产能日趋合理，建筑工业化产业链初具雏形。上海市在 2014 年就制定了《关于本市进一步推进装配式建筑发展若干意见》（简称《上海意见》），提出了上海市推行装配式建筑的基本目标："其住宅单体预制装配率（墙体、梁柱、楼板、楼梯、阳台等住宅结构中预制构件所占的比例）应不低于15%（其中外环线以内区域的项目应不低于 25%），住宅外墙采用预制墙体或叠合墙体的面积应不低于 50%，并宜采用预制夹芯保温墙体。本市装配式商业、办公建筑为混凝土结构的，其建筑单体预制装配率应不低于装配式住宅预制装配率，建筑外墙、梁柱、楼板等混凝土主要构件宜采用预制方式。""2013 年下半年，各区（县）政府应在本区域住宅供地面积总量中，落实建筑面积不少于20% 的装配式住宅，2014 年应不少于 25%，2015 年应不少于 30%。"同时《上海意见》还指出："凡符合本市建筑节能项目专项扶持办法有关规定的装配式建筑，可申请建筑节能专项扶持资金。"其发展经验首要依靠坚持顶层设计，扩大政策引逼效应，其次是完善技术支撑体系，提升装配式建筑质量水平，最后为强化产业链培育，营造良好的发展氛围。

深圳经验

2006 年深圳成为我国首个住宅产业化试点以来，率先推广装配式建筑。截至目前，深圳装配式建筑面积已超 2000 万平方米，居全国前列。其发展经验主要为以质量安全为目标，探索出"装配式建筑＋绿色建筑＋EPC＋BIM"四位一体的建设模式，推出第一代保障房标准化产品，目前装配式建筑涵盖了商品房、公寓、保障房、写字楼、别墅、学校等市场类型，并力争成为国家装配式建筑示范城市。

沈阳经验

2011 年沈阳成为国家第一个现代建筑产业试点城市，2013 年该市采用装配式建筑建设的项目已达 450 万平方米，并于 2014 年被建设部评为全国首个建筑产业化示范城市。至 2020 年，沈阳市 50% 以上建筑工程全部采用装配式方式建设，面积已超 1800 万平方米，目前该市商品住宅开发项目、市政基础设施项目等实现产业化规模发展。该市的发展经验主要为政府引导，做大规范，政策推动，强化引导扶持，实现了现代建筑产业的快速崛起，实现了由试点城市向示范城市的跨越。

七、国内十大装配式建筑经典项目

像搭积木一样盖房子，不仅缩短近一半的建设周期，建成的房屋也更加节能环保，这样的装配式建筑在我们的生活中已经屡见不鲜。今天我们一起来细数一下国内知名的装配式建筑都有哪些。

1. 中国南极长城站

建成于 1985 年的中国南极长城站，是较早的装配式钢结构，采用聚氨酯复合板、快凝混凝土等新材料新工艺，由设计师指导完成建筑、结构设计、施工组织设计等，把预先制作的装配部件组装而成。长城站建成以后，经过多次扩建，现有建筑 25 栋，包含办公楼、宿舍、科研楼等 7 座主体建筑，总面积达 4000 多平方米，是中国预制装配式建筑的地标（见图 3-8）。

2. 港珠澳大桥

全长 55 千米的港珠澳大桥，是世界上最长的钢结构桥梁。桥墩、桥面、钢箱梁等先在中山、东莞等地工厂加工好，在风平浪静的时候，在海上一块块、一

图 3-8 中国南极长城站

资料来源：江苏蓝圈新材料官网。

层层地组装起来，像搭积木一样，效率更高，也更环保。此外，港珠澳大桥的西人工岛主体建筑，三层共 20000 平方米建筑面积，也全部采用装配式施工工艺，可见预制装配式建筑的突出优势（见图 3-9）。

图 3-9 港珠澳大桥

资料来源：百度图库。

3. 台北陶朱隐园

陶朱隐园外观类似 DNA 片段，如同两条螺旋向上的 S 曲线组合，共有 25 层，包含地上 21 层地下 4 层，整栋建筑种植约 2.3 万棵乔灌木，绿覆率高达 246%，据说每年吸碳量达到 130 吨，堪称绿色建筑中的王者。陶朱隐园全部采用钢结构设计，最强可抵抗 9 级的地震，复层楼板区预先以钢筋混凝土制成，现场拼装而成（见图 3 - 10）。

图 3 - 10　台北陶朱隐园

资料来源：同图 3 - 9。

4. 湖州喜来登温泉度假酒店

位于中国太湖南岸。中国第一家指环形水上建筑，是中国第一家集生态观光、休闲度假、高端会议、美食文化、经典购物、动感娱乐体验为一体的水上白金七星级度假酒店（见图3－11）。据介绍，该酒店由世界知名建筑大师马岩松先生主创设计，钢结构由承建过北京奥运鸟巢的精工钢构完成。该酒店工程以其指环形的造型作为南太湖沿岸的标志性工程，而连廊钢结构部分更是其画龙点睛之笔，也是钢结构工程的安装难点之所在。

图3－11　湖州喜来登温泉度假酒店

资料来源：同图3－9。

5. 杭州来福士广场

工程设计新颖独特，竖向结构体系、楼面结构体系的选择，使结构具有足够的抗震能力和使用舒适性；建筑方面中，结构外围的框架斜柱，使整个建筑结构的视觉冲击更强烈。该工程制作工艺难度大，塔楼结构类型为钢管柱、钢框梁、钢筋混凝土楼面梁、混凝土核心筒结构，裙房结构类型为框架、剪力墙结构，结构形式复杂，几乎涵盖了所有结构形式（见图3－12）。

图 3 - 12　杭州来福士广场

资料来源：同图 3 - 9。

6. 西安绿地中心

西安绿地中心位于西安市西高新中央商务区锦业路和丈八二路交叉口处，建筑钢结构主要包括塔楼外框架钢结构、核心筒内劲性钢柱及钢梁、伸臂桁架、屈曲约束支撑、塔楼顶部幕墙桁架（见图 3 - 13）。

图 3 - 13　西安绿地中心

资料来源：同图 3 - 9。

7. 广州东塔

新城市中轴线上地标性建筑的压轴之作。总建筑面积 50 万平方米的广州东塔，总高 530 米，刷新了广州建筑的新高度，建筑楼层为地上 111 层、地下室 5 层，共为 116 层，用钢量约 9.6 万吨（见图 3 - 14）。

图 3 - 14 广州东塔

资料来源：同图 3 - 9。

8. 乐清体育中心

乐清体育中心整体采用了罩棚索膜结构，主体结构为钢管混凝土环梁和斜柱形成的锥面网格结构，屋面采用弯月形非封闭空间索桁体系覆盖 PTFE 膜材。而体育馆和游泳馆屋盖平面投影呈椭圆形，都为覆盖刚性屋面，钢屋盖结构采用索桁式弦支体系，由单层曲面网格结构和空间索桁体系杂交而成。周边 V 形柱和上下环梁形成的环形桁架为屋盖支撑体系（见图 3 - 15）。

图 3 - 15 乐清体育中心

资料来源：同图 3 - 9。

9. 青岛世园会植物园

植物园共设置四个展区，四个展区分别对应四个钢结构单体，每个单体结构形式相同。钢结构表面装饰夹胶超白玻璃，使建筑外形与结构功能得到了完美结合，诠释了钢结构建筑外观的可塑性与建筑功能的可实现性。植物园钢结构采用空间网格结构体系，主要受力构件为拱形倒三角管桁架，桁架之间采用单层网壳及次桁架连接，从而形成一个稳定的空间结构受力体系（见图 3 - 16）。

图 3 - 16 青岛世园会植物园

资料来源：同图 3 - 9。

10. 敦煌文博会

敦煌文博会主要场馆大力推行装配式建筑，装配率达 80%。敦煌项目采用全钢框架结构体系，所有钢结构均采用工厂化制造。大量的构筑物和建筑物，均采用工厂预制现场拼接，减少建筑垃圾和扬尘污染。仅仅历时 8 个月，在戈壁荒滩上建成了敦煌大剧院、国际酒店、国际会展中心等 26 万平方米的建筑群和一条 32 千米的景观大道（见图 3 – 17）。

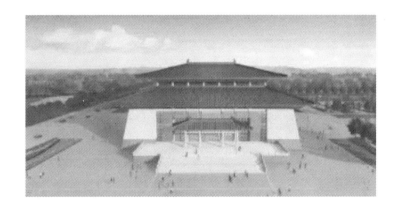

图 3 – 17　敦煌文博会

资料来源：同图 3 – 9。

第四章　江西装配式建筑发展现状及趋势研究

一、2020 年江西省宏观经济发展环境分析

2020 年初，突如其来的新冠肺炎疫情，使江西迎来了一次大战；临近年中，历史罕见的洪涝灾害，使江西又迎来了一次硬战。面对防控疫情的大战、抗洪救灾的硬战和发展经济的持久战，江西省委、省政府始终坚持以习近平新时代中国特色社会主义思想为指导，坚决贯彻落实以习近平同志为核心的党中央一系列决策部署，统筹推进疫情防控、防汛抗洪抢险救灾和经济社会发展，全力做好"六稳"工作，全面落实"六保"任务，奋力夺取"三战三胜"，交出了一份可圈可点的"半年战报"。上半年主要经济指标基本实现"双过半、负转正、位靠前"，其中，全省 GDP 增长 0.9%，居全国第八位、中部第二位；规模以上工业增加值增长 1%、固定资产投资增长 5.8%，分别高于全国 2.3、8.9 个百分点；外贸出口增长 25.8%，连续 4 个月保持全国第一位；金融机构本外币贷款余额增长 18.7%，居全国第一位、连续 10 个月保持全国前三位，城、乡居民人均可支配收入分别增长 5%、6.2%，分别居全国第二位和第八位，均比去年底前移 15 位。

（一）逆势突围，跑出复工复产"加速度"

在以习近平同志为核心的党中央坚强领导下，江西省委、省政府团结带领全省上下闻令而动、听令而行，万众一心、众志成城，推动疫情防控有力有效、经济恢复有序有力。

因时因势加快复工复产。在复工复产中，江西见势早、行动快，因时因势果断决策，开足马力与时间赛跑，跑出了复工复产"加速度"。在全国率先全面取消省内国道、省道、调整公路出入口的疫情检测点，在全国率先出台"四个一律"指令（对没有发生疫情的社区、村组实行流动性管控，进出人员和车辆一律予以放行；一律取消对各类企业复工复产的批准手续，采取企业报备制；一律取消返岗员工提供健康证明的规定；对符合条件人员一律取消隔离要求），大大减少了"一刀切""铁桶阵"式的被动防御，为复工复产创造了有利条件。春节前，凯马百路佳公司获得中东市场500辆豪华客车订单。受疫情影响，企业比原定计划晚开工10天。当地政府安排大巴车接员工回厂复工，有力确保了首批客车起运交付，不仅稳住了中东市场，还带来海外订单大幅回流。

创新举措打通产业链供应链。产业链供应链不畅是制约复工复产的重要因素。江西坚持系统性思维、链条式推进，围绕航空、电子信息、中医药等14个重点产业链，创新建立由省主要领导、分管领导担任链长的高规格"链长制"，帮助解决产业链上下游遇到的资金、市场、原材料供应、创新平台建设等困难和问题。实施产业链供应链协同复工行动，推动上下游、大中小、内外贸各环节协同发展。以汽车产业链"链长制"为例，制定了汽车产业链图、技术路线图、应用领域图、区域分布图"四图"，建立了企业清单、项目清单、集群清单、问题清单、政策清单"五清单"，推动汽车产业链加快恢复，5月、6月单月全省汽车销量分别增长3.7%、6.6%。江铃集团4月以来连续三个月逆势增长，上半年利润达到3.0亿元，同比增长109.8%。

（二）用心用情用力，帮助企业渡过难关提振信心

江西省委、省政府真心实意与企业风雨同舟，切实帮助实体经济解决困难、化危为机。

在加强政策支持上不遗余力。2020年2月以来，为帮助实体经济渡过难关，江西省委、省政府先后出台应对疫情稳增长、抢时间保进度强弱项补缺口、"六稳""六保"、支持民营企业改革发展等四个"20条"政策措施，省直相关部门相继出台"财园信贷通10条""税收优惠15条"和减免通行费、社保费、房租等一系列助企减负政策，为实体经济发展加油助力。通过全面落实国家和省一系列降成本扶实体政策，上半年为企业减负1075亿元，其中减免税收800.2亿元、社保费120亿元、房租8.6亿元。

资金紧张是实体企业当前面临的最大难题，江西有关部门出台实施"金融扶实体15条"等融资支持政策，向重点企业发放防疫专项再贷款92.9亿元，全省支农、支小再贷款、再贴现余额占全国比例均显著高于同期贷款余额占比。江西省"种子独角兽企业"江西迅特通信技术有限公司，得到中行南昌市分行量身定制服务，短时间内获得1000万元信贷支持。特别是大力推进企业上市"映山红行动"，2020年上半年成效明显，6家企业先后过会审核，完成全年目标任务60%，居全国第八位、中部第二位，江西境内外上市公司达80家（境内51家、境外29家），成为中部地区第二个实现A股上市公司设区市全覆盖的省份。同时，江西还持续完善省领导挂点帮扶开发区机制，省、市、县三级领导干部"入企入园"全覆盖，为企业当好"店小二"，提供"保姆式"服务，有力帮助增强企业信心、稳定市场预期。

努力打造让企业放心投资、安心发展的"四最"营商环境。深入实施优化提升营商环境十大行动，基本完成对所有设区市营商环境评价。着力深化"放管服"改革，省本级依申请类政务服务事项实现"一次不跑"或"只跑一次"比

例达 95.3%。实施投资项目"容缺审批 + 承诺制",审批时间压减一半以上。充分运用大数据、互联网手段优化政务服务,发挥江西与阿里巴巴集团、蚂蚁集团合作建设的"赣服通"平台作用,推动企业注册、融资、担保和复工备案等业务"掌上办、不见面办",设立口罩预约申购专区并向全省 220 万群众投放口罩 2200 万只,成为助力复工复产、服务企业群众的有效"桥梁"。7 月 3 日,"赣服通"3.0 版暨 APP 正式上线运行,全面推行"区块链 + 电子证照 + 无证办理",在全国率先实现"不见面审批、无证件办理、涉企政策掌上兑现"三大功能,目前,116 个省级事项可通过"赣服通"实现不见面审批,户政、交管、卫健、医疗、社保等行业 56 项全省性服务可实现无证办理,国家、省、市、县涉企政策 638 件实现线上线下办理全贯通,打通了涉企政策兑现"最后一公里",成为江西优化营商环境的"闪亮品牌"。

市场化、法治化、国际化营商环境是企业安心发展的"定心丸"。江西认真对标对表国际通行规则和国内先进地区经验做法,全面落实外资准入前国民待遇加负面清单管理制度,加快推进制度型开放。2020 年 4 月成功获批江西内陆开放型经济试验区,成为全国第 3 个、中部第 1 个国家级内陆开放型经济试验区,国家在贸易和投资自由化便利化、降低进出口物流成本、承接境内外产业集群转移等九个方面赋予了试验任务,极大提升了江西的开放能级,引来了国内外客商的高度关注,成为投资兴业的首选地。今年以来,全省实际利用外资一直保持 6% 以上增长。省会南昌走访对接"三个 500 强"或行业龙头企业 48 家,先后与华为、阿里巴巴、工业富联等行业龙头企业签署了战略合作协议,1 ~ 6 月,南昌新签约重大项目 288 个,协议投资总额 2221.6 亿元,其中 10 亿元以上项目 61 个,协议投资额 1814 亿元。

(三)"三驾马车"齐发力,畅通国际国内双循环

江西坚持扩内需稳外需并举,坚定不移实施扩大内需战略,着力稳外资、稳

外贸，全力畅通国际国内两个循环。

切实发挥投资"压舱石"作用。把抓项目扩投资作为对冲疫情影响、加快经济复苏最直接、最有效的抓手，大力实施"项目建设提速年"活动，坚持高位化推动、清单化管理、立体化保障、精细化服务、精准化储备，项目建设热火朝天。上半年，省大中型项目完成年度计划的61.5%、同比加快13.2个百分点。分宜电厂1号机组等重大项目建成投运，南昌地铁三号线超常规组织铺轨会战，施工效率和质量大幅提高，创造了单日铺轨1.3千米的南昌地铁铺轨新速度，赣深高铁、瑞金机场、宜遂高速公路、花桥水利枢纽等一大批重大项目加快建设。4月就实现投资累计增速"转正"，投资对稳增长的关键作用进一步发挥。

大力促进消费复苏。认真落实国家促消费系列政策，深入实施"优品、兴市、强商、旺客、捷运"消费升级"五大行动"，实施稳促"五一热"、大干"红五月"行动，在汽车、商贸、餐饮、文旅等重点消费领域出台支持政策，累计发放4亿元消费券，开展电商直播200余场次。多措并举全力促进"零售热、餐饮旺、车市火、夜市活、电商红"。"五一"以来，南昌市绳金塔美食街安排彩车巡游、文艺表演、电影播放等活动，日均人流量达2万余人次；赣州市渔湾里美食街开启"红五月·嗨购亿整月"活动，餐饮消费火爆，营业额同比增长20%；鹰潭市龙虎山风景区"五一"当日游客爆满，景区各大酒店营业额增长4.9%。江西社会消费品零售总额4月当月实现转正、增长1.6%，6月当月增长7%，特别是上半年限额以上网络销售额增长34.7%。

着力推动外贸逆势增长。通过出台"稳外贸10条"措施、建设江西数字外贸平台、开展"通关与沿海同等效率"专项行动等举措，帮助外贸企业拓市场、稳份额。2020年以来，开行赣欧班列108列、铁海联运733列，新开通3条国际货运航线，全省货物进口、出口整体通关时间分别比全国平均快2.6小时和3.2小时。成立于2015年的江西立讯智造，是一家为苹果、华为等巨头公司生产配套零件的电子信息企业，2020年以来保持满负荷生产，上半年出口增长3.6倍，带动境内外约 500 家上下游企业全面复工、快速发展。

（四）坚持危中寻机，抢抓机遇培育壮大新动能

大力发展新兴产业。面对困难，江西主动求新求变，着力做优做强做大航空、电子信息、装备制造、中医药、新能源、新材料六大优势产业，引进和建设一批重点产业链供应链重大项目，加快产业转型升级步伐。江西合力泰触摸屏生产车间内 18 条生产线满负荷运行，一天可生产 13 万片显示屏，触摸屏出货量位居全国第二位；投资 150 亿元的上饶晶科能源双倍增项目、投资 50 亿元的吉安米田科技电子精密结构件产业园等项目建成投产。上半年战略性新兴产业、高新技术产业增加值分别增长 8.3％、7.7％，分别比规模以上工业高 7.3、6.7 个百分点。

建设数字经济发展新高地。站在数字经济发展的风口，江西紧紧抓住难得的"窗口期""机遇期"，连续两年成功举办世界 VR 产业大会，持续打造南昌 VR科创城、上饶数字经济小镇、鹰潭物联网研究中心等数字经济平台，推动 VR、移动物联网等成为江西产业"新名片"。2020 年以来，举办全省数字经济创新发展大会，出台实施数字经济发展三年行动计划。华为、阿里巴巴、腾讯、商汤科技等国内数字经济领军企业纷纷在江西"抢滩登陆"，近期江西省与阿里巴巴集团、蚂蚁集团举行第三轮重大合作事项集中签约仪式，投资 50 亿元的江西一舟大数据能源管理项目建成投产。目前，全省数字产业规模达 6000 亿元，基本形成南昌 VR、鹰潭移动物联网，上饶、抚州大数据集聚发展的格局，培育出泰豪科技、科骏实业、先锋软件、中至数据等一批数字经济行业领域的全国百强。

（五）着力强基固本，在保障粮食能源安全中贡献"江西力量"

全力稳住播种面积。2020 年以来，江西把稳定早稻播种面积作为重中之重，精准对接农民需求，推动各项惠农政策提档升级，农民种粮积极性得到有效释

放。上半年早稻种植面积达 1826.3 万亩，比上年增加 182.5 万亩，占全国早稻总播种面积的四分之一。高安市种粮大户李牛崽今年流转土地 2000 亩，种植早稻 1500 亩，仅早稻种植就享受各项补贴 23 万元。特别是今年以来，全省平均降雨量 1386 毫米，较多年同期均值偏多 16%，共出现 31 次降雨过程、偏多 11 次，强降雨过程 10 次、偏多 3 次。面对极其严重的暴雨洪涝灾害，江西省委、省政府全力以赴做好抗洪防汛抢险救灾工作，不误农时抓好早稻抢收和晚稻栽插，努力弥补受灾损失，确保全年粮食丰收。

加快推动生猪复产增养。深入推进生猪复产增养行动，引进网易、傲农等龙头企业，建设了一批高标准现代化猪场，截至 2020 年 6 月底，全省生猪产能连续 10 个月实现环比增长，全省生猪存栏 1371 万头，恢复到正常年份的 85%。生猪外调逐月增加，累计外调量 314.1 万头，为保障全国生猪市场供应做出了"江西贡献"。同时，大力建设现代农业，持续推进农业结构调整"九大工程"，深入开展农产品加工业"七大行动"，促进一、二、三产业融合发展。上半年全省规模以上农产品加工业总产值达 3100 亿元左右，休闲农业总产值达 465 亿元左右。

着力筑牢能源安全基石。坚持一手抓煤电油气运行调节，一手抓能源项目推进。建立能源保障日调度机制，分解下达 2020 年全省电力迎峰度夏电煤库存任务，启动实施能源行业安全生产专项整治三年行动。加快能源点与能源网建设，上半年建成 66 万千瓦电力装机，在建电力装机 598 万千瓦，在建 110 千伏及以上电网项目 121 个，分宜扩建项目、丰城三期、瑞金二期、信丰电厂和雅中直流等项目加快推进。

（六）以百姓心为心，织牢织密民生保障网络

坚决打赢脱贫攻坚战。始终坚持把脱贫攻坚作为第一民生工程和头号政治任务，聚焦"两不愁三保障"，尽锐出战推进脱贫攻坚，取得决定性成效。全省 25 个贫困县全部实现脱贫退出，贫困人口减至 9.6 万人，贫困发生率降至 0.27%，

历史性解决江西革命老区区域性整体贫困问题。在国务院脱贫攻坚成效考核中综合评价为"好"。特别是在全国率先推进城镇贫困群众脱贫解困，2020 年以来全省 24.2 万城镇贫困群众实现脱困退出，36.8 万存量对象全部纳入兜底保障。

实施就业优先战略。坚持减负、稳岗、扩就业并举，深入推进"百千万线上线下招聘""开发区百万大招工"活动，扎实做好高校毕业生、退役军人、农民工等重点群体就业工作。2020 年上半年全省新增城镇就业 25.3 万人、转移农村劳动力 36.1 万人，分别完成年度计划的 56.2%、72.2%。坚持以创业带动就业，发放创业担保贷款 105.4 亿元，带动就业 27.9 万人次。景德镇陶溪川着力打造线上直播基地，减免场地租金，开展免费培训，不少创客业务量已恢复到正常水平。

切实办好民生实事。尽管各级财政较为困难，但江西省委、省政府坚持用"政府紧日子"保障"人民的好日子"，年初确定的民生工程 51 件实事扎实推进，上半年全省各级财政民生类支出 2756.7 亿元，占总支出的 80.2%。织密织牢社会保障网，今年以来江西再次上调养老金标准 5%，发放低保、特困救助金、临时救助资金 29.3 亿元。制定实施保供稳价系列举措，启动价格补贴联动机制，并实施"提标扩围"，2020 年上半年累计发放价格临时补贴 5.94 亿元、惠及困难群众 1300 多万人次。围绕兜牢"三保"底线，将中央财政疫情期间阶段性提高我省留用比例的 5 个百分点全部留给市县，向市县调度资金 714 亿元，上半年下达市县各项补助资金 2294 亿元，同比增长 19.9%，基层"三保"保障有力。

二、江西大力推广装配式建筑的重要性和紧迫性

虽然 2020 年上半年江西在战疫情、抗洪灾、促发展中取得了可圈可点的良

好成绩，但受新冠肺炎疫情和经济下行压力的叠加影响，经济形势仍然不容乐观。发展装配式建筑产业，是推进供给侧结构性改革、实现建筑行业转型升级的必然要求；是应对疫情影响、有效拉动内需，稳定经济增长基本盘的现实需要；是践行绿色发展理念、提升城市功能品质的重要举措；是提高工程质量效率和施工安全水平的有力途径。目前全国各地都在大力发展装配式建筑，装配式建筑必将在未来的建筑业中占据一个重要的位置。目前我省装配式建筑还处于起步阶段。在践行新发展理念、实现高质量跨越式发展的进程中，加快发展装配式建筑意义重大而深远。

（一）大力推广装配式建筑可提升城市功能品质

面临艰巨的节能减排任务和城市功能品质提升三年行动的目标，提高绿色建筑比例和能效标准，打造绿色城市、智慧城市，成为建筑业发展的必然选择。装配式建筑采用工厂化制造、现场拼装的生产方式，使施工过程大大简化，减少了原材料使用量、建筑污水、有害气体、粉尘排放和建筑噪声等污染，给房屋带来更好的防火、防水、隔热、隔音效果和更加舒适和安全的居住体验。装配式建筑可有效利用资源能源，预制装配式混凝土建筑可大幅度降低模板、水、砂、石、水泥等材料消耗，减少模板和脚手架用量；钢结构建筑可做钢材储备之用，拆除后还可循环利用；木材是再生资源，可循环利用、自然降解，木结构建筑生产和使用过程能耗较低。

（二）大力推广装配式建筑可有效拉动内需

现代建筑产业不仅是装配房子，还包括市政基础设施标准化、产业化工程等，不仅涵盖钢材、陶瓷等建材领域，还包括集成式墙体（幕墙）、电梯制造、工程机械、装备制造等多个产业，产品种类达上万种。在坚持"房住不炒"的基本原则，以及逐步取消棚改货币安置的背景下，随着我国继续推进城镇老旧小区、背街小巷和存量住房改造提升，装备式建筑使"房子部件"在流水线上流动起来，并带动社区养老、托幼、医疗、助餐、保洁等服务消费，将释放出巨大的内需潜力，为稳增长提供新的动力支撑。以江西为例，2019 年我省的城镇化率比全国低 3.58 个百分点，大量的农村人口还将进入城镇，成为我省扩投资、稳消费的又一批生力军。同时，装配式建筑产业链条长，产业分支众多，发展装配式建筑还能进一步带动部件生产企业、专用设备制造企业、物流产业、信息产业等新的市场需求，有利于促进产业再造和增加就业。

（三）大力推广装配式建筑可减少建筑垃圾和扬尘污染

现场砌（浇）筑方式的资源能源利用效率低，建筑垃圾排放量大，扬尘和噪声环境污染严重。有研究结果显示，目前我国建筑垃圾数量占到城市垃圾总量的 30%～40%，大中城市空气污染的 15% 左右来源于建筑工地扬尘和装修，房地产建筑建材相关能耗占社会总能耗的 49.5%。大力发展装配式建筑，能从根本上改变施工现场"脏乱差"局面，有效降低建造过程大气污染和建筑垃圾排放，减少扬尘和噪声等环境污染，助力城市环境改善和生态文明建设。同时装配式建筑选用绿色环保材料，采用可维护、可拆卸的工艺安装，确保材料循环利用。在我国建筑业发展的历史长河中，这种绿色、高效的建造方式，是适应绿色环保要求的一场变革，是提升建筑品质的必然之路。

（四）大力推广装配式建筑可提升建筑效率和工程质量

相较于传统现浇模式，装配式建筑实施标准化工序、机械化作业、产业化工业操作，在节省了劳动成本的同时提高了生产效率，并且产品的精密程度得到了有效地控制。装配式建筑的构件运输到现场后，由专业安装队伍严格遵循流程进行装配，大大提高了工程质量并降低了安全隐患。再加上装配式建筑构件在预制工厂生产，完全按照工厂的管理体制、标准体系来选择生产构件的原料，对构件出厂前的质量检验进行把关，可有效确保构配件产品的质量和各项性能，最大限度地改善墙体开裂、渗漏等质量通病，并提高住宅安全等级、防火性、耐久性。此外，受目前我国建筑行业劳动力不足、技术人员缺乏、工人整体年龄偏大、成本攀升等因素影响，导致传统施工方式难以为继。装配式建筑由于采用预制工厂施工，现场装配施工，机械化程度高，减少现场施工及管理人员数量近 10 倍。节省了可观的人工费，提高了劳动生产率。

（五）大力推广装配式建筑可化解过剩产能

发展装配式建筑是工业稳增长、调结构、增效益的重要举措。以钢结构建筑为例，每新增 1 个百分点的钢结构能够新增用钢量约 370 万吨。同时，装配式建筑产业链条长，产业分支众多，发展装配式建筑能够催生包括部品部件生产企业、专用设备生产企业等众多新型产业，促进产业再造和增加就业，拉长产业链条，带动企业专业化、精细化发展。

三、发展装配式建筑面临良好形势

多年来，随着政府积极推动，相关企业积极参与，通过政策引导与市场配置资源相结合，科技创新与标准完善相结合，初步建立了装配式建筑结构体系、部品体系和技术保障体系，为大规模发展奠定了坚实的基础。

（1）产业发展态势良好。有研究机构预测，装配式建筑是继汽车、家电后拥有万亿元级市场容量的先进制造业。预计到 2025 年，中国装配式建筑市场规模将达到 1.4 万亿余元。能否在下一轮装配式建筑产业发展中赢得主动、占得先机，考验的是各地敢为善为的担当精神和施策水平。目前，全国绝大多数省级或市级政府成立了推进装配式建筑发展的专职管理机构，出台了指导意见和配套行政措施，在土地出让、财政补贴、税收金融扶持、成品住宅和工程试点等方面进行了政策探索。各地以试点城市为带动，近年来已完工和新开工的装配式建筑呈现快速增长态势。

（2）技术支撑体系不断完善。我国装配式建筑结构体系和部品体系得到了较快发展，预制装配式混凝土结构、钢结构和木结构建筑体系得到一定程度的开发应用，设计、施工与装修一体化项目的比例逐年提高，屋面、外墙一体化保温节能技术和产品日益丰富。出台了《装配式混凝土结构技术规程》《工业化建筑评价标准》等一系列标准规范，各地也出台了多项地方标准和技术文件，为装配式建筑发展提供了有力的技术支撑。

（3）试点城市和产业化基地快速发展。2017 年 11 月，住房和城乡建设部公布了首批 30 个装配式建筑示范城市和 195 个产业基地名单。2019 年 10 月，住房和城乡建设部又启动了第二批装配式建筑示范城市和产业基地申报工作。试点城市和基地企业完成的装配式建筑面积占全国总量的 90% 以上，为装配式建筑的发展提供了政策和项目支持，培育了市场，促进了产业链的形成和集聚，发挥了很好的示范带头作用。

（4）市场内生产力不断增强。建筑业生产成本不断上升，劳动力日渐短缺，从客观上促使越来越多的开发和施工企业自发研究、探索和应用装配式建筑。装配式建筑发展正在吸引更多的设计、施工、部品生产企业聚拢，形成产业链条上企业相互配合、相互竞争的格局。政府的市场化引导措施正在发挥成效，地方政府依靠政府投资工程为装配式建筑提供市场需求，通过装配式建筑产业园区建设和引进企业，培育部品产品供给能力，加强宣传提高公众认知。装配式建筑市场呈现出勃勃生机。

四、江西推动装配式建筑取得阶段性成效

近年来，江西省委省政府高度重视装配式建筑产业发展，取得了阶段性成效。2019 年，全省装配式建筑新开工面积 2118 万平方米，占全省新开工总建筑面积的 21%，其中装配式混凝土结构建筑面积 553 万平方米，装配式钢结构建筑面积 1535 万平方米，装配式木结构建筑 30.2 万平方米。全省共有装配式建筑产业基地 50 个，国家级装配式建筑产业基地 3 个。航信大厦、殷王村幸福渠保障房、赣江新区综合配套服务中心、枫叶江畔、双创公寓等一批装配式建筑工程示范项目顺利开工或竣工验收。

（一） 工作机制不断完善

省委省政府把推动装配式建筑工作列为市县高质量发展考核评价的重要指标，建立由 12 家省直厅局负责人组成的装配式建筑发展工作联席会议制度，不定期召开联络员会议，引导推动各地进一步提高发展装配式建筑的认识。省住房城乡建设厅专门成立推进装配式建筑发展工作领导小组，每年召开全省装配式建筑发展会议，统筹协调和指导服务全省装配式建筑发展各项工作。邀请全省规划、设计、施工、科研、部品部件生产、检测和质量安全监督等领域专家，组成江西省装配式建筑专家委员会。南昌、抚州、赣州等地市也同步成立了由市政府分管领导任组长，相关职能部门负责同志为成员的装配式建筑发展工作领导小组，建立工作联席会议制度，始终把装配式建筑作为推进建筑业转型升级的重要抓手，抓牢抓实。

（二）政策效应逐步显现

江西是全国较早出台装配式建筑文件政策的省份之一，省政府 2016 年即专门印发《关于推进装配式建筑发展的指导意见》，明确提出到 2020 年，全省采用装配式施工的建筑占同期新建建筑的比例达到 30%，其中政府投资项目达到 50%；到 2025 年底，全省采用装配式施工的建筑占同期新建建筑的比例力争达到 50%，符合条件的政府投资项目全部采用装配式施工。省住建厅先后出台了《加快推进装配式建筑发展实施方案》《装配式建筑招标投标管理暂行办法》《装配式建筑工程计价暂行办法》《装配式建筑产业基地管理办法（试行）》等文件，支持和推动装配式建筑发展。各地市紧密跟进，明确了发展目标，出台了落实细则。例如，赣州市在全省率先编制完成装配式建筑发展规划，制定了《装配式建筑部品部件生产企业优惠政策》，在招商、税费、用地、人才、创新等方面制定 12 项配套政策措施，对引进的装配式建筑部品部件生产企业，在赣州市与属地企业合作经营并进行属地纳税的，前三年享受一定比例的税收返还优惠措施，鼓励引导现有建材企业转型生产装配式建筑部品部件。

（三）试点示范有力推进

根据《江西省推进钢结构装配式住宅建设试点工作方案》，江西首批确定了南昌市、九江市、赣州市、抚州市、宜春市、新余市 6 个设区市为第一批试点城市，省级财政专门安排 1200 万元支持试点城市开展先行先试，着力探索出一套可复制可推广的钢结构装配式住宅建设推进模式。2019 年全省钢结构装配式住宅新开工建筑面积 71.8 万平方米，其中农房建筑面积 3.5 万平方米。朝晖城建集团有限公司、江西雄宇（集团）有限公司、江西中煤建设集团有限公司 3 个装配式建筑基地被住建部列为第一批装配式建筑产业基地。比如，南昌市进贤县重点打造钢结构产业，全县集聚了江联重工、雄宇集团、群力、力宏钢构等网架企业 118 家，其中规模以上企业 28 家，国家钢结构一级专业承包资质企业 8 家，二级专业承包资质企业 22 家，在全省和全国均具有一定影响力。新余市依托新钢集团大力发展钢结构装配式建筑产业，投资 10 亿元成立了江西广新建筑产业有限公司，全市新建钢结构公厕 1300 余座。九江市是全省重要的钢铁生产基地，涌现了江西省富煌钢构有限公司、九江市现代钢结构工程有限公司等 10 多家钢结构企业。宜春市重点发展冷弯薄壁型轻钢别墅和民宿，累计开工完工近百户。南昌大学依托专业技术优势，与江西华添和建设有限公司等企业加强科研合作，在丰城市开展钢结构住宅试点，取得了良好进展。赣州市于都县与杭萧钢构股份有限公司合作，大力推动钢结构装配式住宅发展。抚州市恒强达绿色建筑科技有限公司在九江、吉安、抚州等多个市县建设钢结构农房，累计施工面积约 3 万平方米。目前，赣州、抚州正向住建部推荐列为第二批装配式建筑示范城市，南昌县武阳装配式建筑产业园被推荐列为园区类装配式建筑产业基地。

（四）招商引资成效明显

江西省住建厅多次组织各地市建设主管部门、省内重点企业赴上海、浙江、湖南等地招商引资，先后引进了远大住工、三一重工、中民筑友、北京迈瑞司、上海宝业、杭萧钢构等国内知名装配式建筑骨干企业投资江西，上海建工、中建国际、有利华建筑等一批装配式建筑龙头企业多次到江西进行调研并展开前期工作，洽谈合作项目。目前，我省装配式建筑部品部件产业主要集中在南昌县武阳镇，园区先后落户八家全国知名装配式建筑生产企业，总投资 34.05 亿元。已建成项目有建华建材装配式预制件生产项目和鸿泰钢构项目等，项目全部建成后年产预制构建可达 600 万平方米，预计主营业务收入可达 43 亿元，上缴税收 1.83 亿元，解决劳动力就业人数 600 余人。

（五）人才培育拓宽渠道

江西省先后开展装配式建筑相关科研计划立项 10 余项，先后发布《装配整体式混凝土住宅设计标准》《装配整体式混凝土住宅结构工程施工及质量验收技术标准》《装配整体式混凝土住宅预制构件与质量验收技术标准》和《装配式混凝土结构工程监理标准》。南昌县与北京中科建筑工业化研究院、南昌大学建筑工程学院等6家科研单位签约，挂牌设立产学研合作基地，逐步形成"研发+生产+培训"的产业共建发展模式。江西经济管理干部学院、南昌航空大学、江西建设职业技术学院、新余学院等高校纷纷开设了装配式建筑课程，并主持编写了装配式建筑教材，成立了装配式建筑实验室、教学基地和检测中心，培养装配式建筑专业技术人才。赣州市联合住建部、省住建厅及行业协会等组织开展了6次装配式建筑业务知识学习培训，参训人员2000余人次。

（六）行业监管扎实有力

全面推行工程总承包管理模式，已实施的政府投资装配式建筑项目均采用工程总承包建设模式。实施全过程质量安全监督管理。项目实施前期，由工程质量安全监督机构提前介入指导，要求构件生产企业提交质量终身责任承诺书。项目实施过程中，加强构件生产及现场安装过程监督，对进场预制构件进行严格检查，并按规定进行结构性能检验。推广应用住建部装配式建筑云平台，通过信息化管理系统，实现构件生产、质量控制全过程的质量责任可追溯，关键过程留存验收记录和影像资料。对建设单位未按照要求实施装配式建筑的，不予核发施工许可。对房地产开发单位未按要求实施装配式建筑的，严格按照有关规定予以处罚，并记入不良记录。对装配指标不达标的装配式建筑项目，不予验收通过。对不良企业坚决予以清退，并予以责任追究，记入企业诚信档案，有力维护了装配式建筑行业秩序。

第五章　推进江西装配式建筑发展的对策建议

一、江西装配式建筑产业发展存在的突出问题

装配式建筑具有诸多优越性，但由于传统的施工经验乃至建筑全产业链都和装配式建筑不相适应，意味着建筑业要从头到尾进行一场革新。从全国来看，虽然经过多年的布局，我国装配式建筑结构体系和建筑部品体系得到了较快发展，但仍然面临着一系列制约因素。

第一是观念因素。发展装配式建筑，观念改变是第一位的。由于受传统建筑观念影响，当前，装配式建筑的观念尚未普及，社会各界对其理解不够深入和全面，有些地方存在一定的误区，低碳建筑意识淡薄，严重阻碍了装配式建筑的发展。在社会认知层面，建议相关部门要借助各种媒体加大宣传引导力度，逐步改变人们的观念，使装配式建筑的观念深入人心。

第二是高成本。当前，装配式建筑市场还没有完全发展起来，还属于"萌芽"阶段，市场还不大。事实上，装配式建筑的成本比传统方式建造房子要高得多。因此，在装配式建筑产业链未完全构建的前提下，为进一步挖掘装配式建筑

市场,国家应出台补贴或税收减免等政策红利来促进其发展,鼓励各地结合实际出台规划审批、基础设施配套、财政税收等支持政策来支持装配式建筑发展。

第三是监管方面严重不足。许多企业正是看到了装配式建筑广阔的市场前景,不管自身条件,盲目跟风,对自己包装,搞投机主义。这样一来,不但不会促进装配式建筑发展,反而会给装配式建筑带来质量、信誉等一系列问题。因此,应该健全与装配式建筑相适应的发包承包、施工许可、工程造价、竣工验收等制度,实现工程设计、部品部件生产、施工及采购统一管理和深度融合,强化全过程监管,确保工程质量安全。

从江西的情况来看,目前装配式建筑依旧是一个新兴产业,由于行业内新进者众多,不少企业都是刚从传统建筑领域转向建筑工业化这一全新的领域,普遍存在自主创新能力低、专业化协作水平低、设计与生产脱节、生产与施工脱节等问题,规模效应、带动效应尚未形成。

(一) 标准体系存在薄弱环节

2016 年以来,国家先后发布装配式混凝土、装配式钢结构、装配式木结构三大技术标准,以及装配式建筑评价标准和检测技术标准体系,但各省市尚使用各自地方标准,各个城市对评价标准条文理解有差异,甚至不同专家对同一条评价标准条文理解也有差异,一定程度上制约了预制装配式建筑向标准化、高装配化方向发展的进程。目前全国和江西都没有出台装配式建筑的设计和施工标准、标准化图册,也没有采集造价信息、编制造价标准,省内外适用于装配式建筑的定额暂时没有,以致项目的报批、设计、监理、验收都没有依据,完善的装配式建筑标准体系远未形成。例如,钢结构农房建设监管制度尚未建立,质量安全基本由业主与施工单位协商确定,缺乏第三方监管。

(二) 政策推广力度有限

目前我国装配式建筑市场还处于培育阶段,全国各地基本上集中在住宅工业化领域，尤其是保障性住房这一狭小地带，生产规模很小，且短期之内还无法和传统现浇结构市场竞争。例如，鹰潭市虽于 2017 年出台了《关于推进装配式建筑发展的指导意见》，在土地保障、科技扶持、税费优惠等方面制定了各项优惠措施，通过奖励引导企业开发、建设装配式建筑积极性。但政策的激励作用有限，产业发展氛围不浓，2018 年、2019 年鹰潭全市新开工装配式建筑面积在新开工建筑总面积的占比分别仅为 4.1%、4.27%，距离达成住建部"2020 年，全国装配式建筑占新建建筑的比例达到 15% 以上"的目标还有较大差距。该市余江区仅有 2 家装配工建筑企业，订单量少，年产量仅有 8 万平方米、1 万立方米左右。一些企业负责人反映，各地政策提发展目标和发展方向的多，涉及具体的产业扶持措施少。前不久，江西在征求第三轮次推动破解制约高质量跨越式发展困难问题的时候，就有反映装配式建筑试点项目缺乏扶持资金，希望给予项目资金补助。例如，抚州市今年计划开工建设 2 个建筑面积不低于 5 万平方米的钢结构装配式住宅示范工程和 1 个轻钢结构农房示范点，鉴于试点阶段，示范项目工程造价必然高于传统建筑，抚州市考虑到自身经济实力，迫切希望得到上级的项目扶持资金，以便顺利推进试点工作。

（三）人才短缺问题尤为突出

装配式建筑工程虽然在混凝土现浇、模板和钢筋等方面减少了现场用工量，但同时也增加了构件吊装、灌浆和节点连接等方面的用工，并且施工难度更大，普通的施工队伍很难满足装配式建筑的施工要求。比如，传统设计人员主要以施工图设计为主，对延伸的装配式深化设计工作介入较少，缺乏工厂生产、构件运输、现场吊装和现场施工等关键环节的知识储备。客观来说，我国装配式建筑在 2016 年开始大力推广，我省也正处于起步阶段，人才储备相对较弱，对比近年装配式建筑的快速升温，造成了当前人才短缺的局面。"技能水平低、离散程度高"的产业工人队伍与机械化、自动化、标准化的生产模式不能相适应。特别是装配式建筑深化设计、工程总承包项目管理、现场施工管理、生产工艺、吊装灌浆作业等人员缺口最为突出。比如，九江市目前一线工人多为传统建筑工人，大多为 35～50 岁的低学历中年人，施工现场技术工人和技术管理复合型人才非常紧缺。南昌市从事装配式建筑科技研发、深化设计、装配式施工图审、监理、BIM 技术以及产业工人培训的企业和机构很少，装配式建筑高素质管理人才、熟练工人严重不足。鹰潭市今年计划推进 2 个装配式项目，在项目开工前对施工图纸的装配率进行认定期间，因当地住建部门缺少相应的专业人才，需要从南昌装配式建筑协会邀请专家来进行认定。如果仅靠企业自身培养，一是没有统一标准，二是难以形成规模，三是流失情况较多，迫切需要在国家级、省级层面予以统筹考虑。

（四）产业链条内部协调性不足

装配式建筑一体化作为特殊的建筑行业发展模式，要想更好地发展就必须获得相应配套设施支持，否则将无法呈现规模化效应。就目前我省装配式建筑一体化发展现状来看，钢结构、全装修、整体厨卫灯建筑部品和配套产品应用相对滞后，施工单位、构件厂商、设计单位并没有建立交互协作关系，构件生产效率低下，跨行业企业协调管理难度大，无法保障装配式建筑的普及。以九江市为例，在生产环节，已有江西亚东水泥、九江萍钢等水泥和钢材企业；在施工环节，有置地远大 PC 项目、富煌钢结构项目等一批装配式建筑产业基地。但在设计环节，几乎没有专业的装配式建筑设计公司，没有形成配套齐全的产业链。赣州市只有中煤集团一家企业能开展装配式建筑设计、生产、施工"一体化"服务，全市 PC 构件厂家仅有 4 家，钢筋连接套筒生产厂家仅有 3 家，符合装配式建筑要求的防水胶条、密封胶等配套产品需从外地采购。宜春樟树市只有一家钢结构装配式建筑企业，主要生产建筑主体结构构件，没有形成配套的上下游产业链。吉安市遂川县左安镇冲溪村一村民建造轻钢别墅时，运输中造成骨架配件跌落损坏，县内无法补修，从外地重新定制调运，至少要一个月时间，既延误工期又造成经济损失。

（五）装配式建筑工程成本较高

传统建筑的楼板厚度大约 100 毫米，而装配式建筑的楼板厚度为 60 毫米厚叠合板加 80 毫米厚现浇板，总体厚度达到了 140 毫米，超传统建筑板厚很多；外墙外挂板与剪力墙连接，使外墙厚度大幅增加，所用材料也就必然更多。由于外墙厚度的增加，装配式建筑的净空面积比传统式建筑的净空面积小很多，一定程度上也造成了装配式建筑的平方米造价比传统式建筑的平方米造价更贵。再加上构件生产基地一次性投入过大，大批量生产才能降低造价，构件摊销费较高；生产标准化程度低，构件生产企业随意提价造成价格偏高等。据相关部门测算，新建一栋 23 层的住宅楼，装配式建筑成本较传统建筑造价，每平方米要高出 300元左右；一栋楼的总成本，装配式建筑比现浇建筑成本高出 20%～30%，有的甚至高出更多，成本上不占优势，一定程度上影响了装配式建筑市场的开拓和培育。比如，南昌市多个棚户区改造项目，原计划采用装配式建筑，后因造价等原因改为传统建筑工艺施工。吉安市峡江县罗田镇建设的 2 层轻钢别墅，面积为220 平方米，造价 30 万元，加上装修需花费 40 多万元，一次性拿出这笔资金，对农村群众而言难度较大。有开发商直言，之所以目前设计装配式钢结构住宅的意愿不强，主要是因为成本过高，回报周期长，不好销售。如赣州市章贡区在建返迁房"江南府"项目，设计单体建筑装配率为 30%，以江西造价易通网赣州市中心城区信息价格为基准，每平方米造价增加 168.81 元。上饶市广信区将惟义路以北、望江路以西 36.24 亩商业、居住用地推向市场出让，出让条件中要求小区建筑使用装配式钢结构（钢管束）建筑面积占计容总建筑面积不少于 20%，因装配式建筑比传统的钢筋混凝土现浇建筑成本高出很多，开发商拿地后做规划方案只按照最低比例要求，建设 1.4 万平方米的装配式建筑。

同时，装配式建筑耗材大，所有构件靠运输，物流等附加成本较高，性价比还是低于传统现浇混凝土方式。比如，武宁、湖口和德安三县是九江市装配式建筑发展试点县，装配式建筑产业主要集中在这三县，但是产业链条不完善，产业整体还在起步阶段，不能给其他县区充足供应，而像修水等其他县区装配式建筑产业更少，有的甚至为零，本地没有装配式建筑产业，全靠道路运输，势必大大增加运输成本。

（六）装配式建筑市场接纳度不高

轻质隔墙板作为目前预制装配式建筑中二次隔墙的主要材料，在实际应用中仍存在板材强度低、开槽易开裂、板材间存在拼缝等影响精装修效果的质量通病问题。目前市场上缺乏非常成熟、可靠的装配式技术。上海作为我国最早的试点地方，也是 2006 年才开始，很多技术并未经过长久的市场检验，导致市场认知度低、使用率低，装配式建筑的部品部件与传统建筑标准没有形成统一，设计、生产、施工达不到高效无缝对接，装配率较难提高。南昌市相关部门反映，目前轻质隔墙板种类繁多，质量参差不齐，计价标准不统一，线管、安装底盒装配式工艺不成熟，与主体构件连接处尚存在接缝两侧墙体抹灰层完成面墙面厚度不一致的问题。因此很多人对它的认识仍停留在 20 世纪 50 年代采用预制结构的水平，认为其与五六十年代预制板多层建筑区别不大，特别对预制装配式建筑的抗震性、安全性、防水性缺乏信赖，质疑钢套筒灌浆的密实性、结构节点施工的安全性，严格的标准化带来的单调性和保温性能的低下也容易引发住户的不满。根据走访调研，90%以上的普通群众不知道什么是装配式建筑，并表示不接受装配式建筑住宅，他们主要担心的是后期质量保证问题。即使从事过装配式建筑行业的人，也有 20% 左右的人表示不会选择装配式住宅，他们的理由是装配式建筑的设计较为固定，100% 装配率的商品房不能擅自改动，特别是内部的线管、预埋不能随意改动，而购房者较多有更改非承重墙的情况。对于开发商而言，市民不认可装配式建筑，意味着不好销售，开发商自然就不愿意采用新方式，更难发挥装配式建筑部品部件批量生产优势。

二、江西省装配式建筑业经营风险及防范策略

（一）建筑产业化的特点

建筑产业化是采用标准化设计、工厂化生产、装配化施工、一体化装修和信息化管理为主要特征的生产方式，并在设计、生产、施工、开发等环节形成完整的、有机的产业链，实现建造全过程的工业化、集约化和社会化。

相对于传统建筑业，装配式建筑作为建筑产业化的一种建造形式和载体，在生产效率、工程质量、技术集成、环保和节能降耗方面有较大优势。

一是生产效率提高。建筑产业化促进建设标准规范化、流程系统化、部品工业化以及建造集约化，减少用工50%、缩短工期30%～70%。可显著降低用工需求的特点，也为建筑业"走出去"注入了强大的活力。二是工程质量提升。建筑产业化广泛应用工业化、信息化等技术手段，实现构件误差由"厘米"级向"毫米"级时代突进。构件成品一般使用二维码或质量芯片，实现质量可追溯，责任可倒查，利于产品质量监管，助推建筑业向"百年宅"目标挺进。三是技术集成度高。建筑产业化的内在要求，可促进新技术、新材料、新设备和新工艺的大量运用，大大提升建筑安全性、舒适性和耐久性，同时可带动设计、建材、装饰等50多个关联产业产品的技术创新。四是节能环保。与传统建造方式比较，建筑产业化可节水60%、节省木材80%、节省其他材料20%、减少垃圾80%、减少能耗70%。促进建筑企业转型升级，向绿色建筑跨进，走上集约化、

可持续发展道路。

（二）建筑产业化面临的机遇和挑战

当前，供给侧结构性改革持续深化，新旧动能转换重大工程的实施不断加快，建筑业作为国民经济的支柱产业，建筑产业化发展是箭在弦上和必然选择。

随着整个社会工业化、机械化、信息化进程加快和行业政策红利持续激发，作为建筑产业化重要载体的装配式建筑将全面进入新的发展机遇期，可以预期大规模的装配式建筑磅礴待发。

1. 面临的机遇

机遇之一：产业发展政策导向，为装配式建筑提供未来空间。近年来，国家积极倡导建筑业可持续发展理念，从 2010 年起国务院、住建部、工信部以及各地方政府密集出台了 20 余份扶持产业发展的相关文件，着力加快推进装配式建筑等建筑产业化的进程。新近印发的《关于促进建筑业持续健康发展的意见》中指出，力争用 10 年左右时间，使装配式建筑占新建建筑面积的比例达到 30%。产业政策红利的持续释放，为建筑业转型发展、培育产业新动能带来契机。

机遇之二：供给侧结构性改革，为装配式建筑注入动力。供给侧改革五大任务之一是"去产能"。在经济发展新常态下，大力发展装配式建筑是化解钢铁过剩、提速建筑产业现代化进程的最佳路径。例如钢结构建筑是推进建筑产业现代化的重要抓手。按照测算，钢结构建筑每平方米用钢量为 100～120 千克，相当于钢筋混凝土结构的 2 倍，能够有效串联钢铁业和建筑业，为两大传统产业转型升级实现质的飞跃，提供难得的战略突破口和结合点。同时，随着国家新型城镇化建设、海绵城市建设、地下综合管廊建设步伐加快，全国地产开发商和建筑企业纷纷转型升级，新型建材商和设备企业伺机而动，为以装配式建筑为代表的建筑产业化和住宅产业化的发展带来新动力。2016 年我国城镇化率为 57.35%，与国外中等发达国家和地区的 80% 左右相比还有很大的提升空间；全国每年房屋竣工面积 40 亿平方米左右，其中住宅竣工面积占七成左右。现行住宅建造模式仍属于传统现场浇筑方式，产业化比例不足 10%，说明未来建筑产业化发展面临巨大的商机和空间。

机遇之三："新经济"元素，为建筑产业化发展集聚能量。当前，建筑行业面临着经济下行压力增加、生产经营放缓的局面，采取"新模式"、引入"新技术"成为转型升级传统产业、加快新旧动能转换的路径选择。一是 PPP 投融资建设模式、"互联网＋"等家装电商模式，为建筑产业化发展汇聚了新动能。二是技术创新驱动加力，为加快传统企业转型升级增强研发能力。通过对生产技术、施工工艺等方面的创新研发，提高建筑生产力，推进建筑产业现代化进程。

2. 面临的挑战

目前我国建筑产业化还处在起步与成长阶段，存在着技术标准不完善，装配成本高和人才储备不足等问题，产业化发展之路任重道远。

挑战之一：技术标准体系不完善，制约建筑业产业化发展。调研了解，装配式建筑方面的技术标准和规范不甚完善，尤其是在标准图集和计算机软件等方面存在短板。近几年虽然补充和优化了一些标准和流程，但还不能全面满足设计、生产、施工，以及工程验收和工程结算等方面的需求。例如，目前国内装配式结构体系研究风生水起，但各自为政、互相排斥，出现了诸多的派别体系，虽各有特长但没有形成统一的标准和做法，造成大量的资源浪费和重复投资，给装配式建筑推广带来一定的障碍。

挑战之二：经营成本过高，增加装配式建筑推广难度。调研了解，装配式建筑预制构件生产线投资过千万，一般规模的产业园投资在亿元以上，前期投入资金较大。从运营成本看，目前装配式建筑每平方米施工成本要比传统施工高出 10%～20% 左右，主要原因是：装配式建筑社会认知度不高，市场有效需求有限，造成部分生产企业设备利用率较低，开工不足；还有生产构件的规格、尺寸标准化程度低，无法形成标准构件的批量生产，造成资源浪费，对推广装配式建筑带来一定困难。

挑战之三：专业人才缺乏，无法满足建筑产业化发展需要。在国家大力推进建筑产业转型升级的政策导向下，专业人才短缺始终是制约发展的瓶颈。据资料显现，我国建筑产业化专业技术人才缺口近100万人，装配式建筑相关岗位人才需求年增速12.6%。从目前情况来看，装配式建筑相关的技术人员更是一才难求，传统建筑工人多为45~50岁以上的中年人，专业知识层次普遍不高。另外，我国高校的土建工程专业，大都以传统建筑学理论知识为主，装配式建筑专业没有及时跟进，建筑产业化后备人才匮乏也制约着装配式建筑的可持续发展。

（三）促进建筑产业化发展的思路

建筑业是国民经济的重要产业之一，对于拉动建材、钢铁、森工、化工、石油、机械等相关产业的发展，促进国民经济增长具有重要作用。

1. 政府层面

（1）建立建筑产业化推进工作机制。建议成立由市级分管领导挂帅、市建委具体负责的工作推进领导小组。定期召开区、市政府分管领导，建委、发改、经信、财政、规划、国土、税收等部门及金融机构参加的工作联席会议，并将建筑产业化推进工作纳入市政府年度综合考核，制订出翔实可行的推进计划，力争在2020年完成装配式建筑占比30%的目标任务。

（2）强化监督机制，完善建筑产业化标准体系。建议加强对建筑产业化生产企业的管理与指导，实行建筑产品全过程的追踪管理，完善质量追溯机制，推行产品质量终身负责制。制定建筑产业化项目的招投标、施工图审查、建设监理、质量安全监督、工程验收管理办法，明确工程预决算方法，编制配套定额，逐步建立适应建筑产业现代化发展的管理机制；细化和完善建筑产业化标准体系，加快技术标准、施工方法和技术规程的研究编制和发布，为建筑产业化健康有序发展搭建客观、规范的监督管理平台。

（3）整合产业资源，形成建筑产业化发展集群效应。建议设立建筑产业化示范基地，把设计、生产、施工、物流、房地产、服务等资源进行整合，开展装配式建筑在节能、绿色、环保、安全、适用等方面的宣传和推介；整合上下游产业资源，加快建筑产业园区建设，对迁入企业在土地、供水、电、气、税费、融资、技术转让等方面给予优惠和扶持。通过示范基地与产业园区"双轮"驱动，形成集聚发展效应。

2. 企业层面

（1）顺应产业化发展新方向，转变生产运营理念，迎接建筑业划时代的新变革。

据分析，未来 3～5 年将是我国建筑产业化快速发展阶段，未来 5～10 年左右将是建筑产业化发展的成熟阶段。预期 2030 年左右，六成以上的建筑业总产值将通过装配式生产模式所完成。建议建筑企业紧抓行业新一轮变革趋势顺势而为，以壮士断腕的决心，以改革创新为经营理念，厚植建筑产业化发展的新动力。

（2）顺应产业化经营新趋势，优化资源配置整合，构建产业联动发展的新格局。

建议建筑企业借助行业协会的作用，整合上下游产业资源。鼓励实力强、规模大、资质高的大型建筑企业，通过控股、参股等方式渗入相关行业，加快推动"一业为主、多业并举"的产业发展新格局，最终实现具有"标准化设计、工厂化生产、装配化施工、一体化装修和信息化管理"的经济综合体。

（3）顺应产业化生产新模式，建立人才培养与储备机制，打造人力资本的"新优势"。

建议建筑企业以人才、科技为优先发展战略，加大人力资本投入，充分发挥人才在资源配置中的基础性作用，培育和提升现有人才队伍的综合业务素质，保障企业顺利迈入产业化；加大与高校、科研机构合作交流和办学的力度，提高科技研发和人才培养效率，为建筑产业化储备源源不绝的人才队伍。

（4）顺应产业化发展新科技，紧跟行业前沿技术，迸发传统行业发展"新动能"。

建议优势建筑企业与国内外知名院校、研究机构和技术前沿的龙头建筑企业强强联合，成立研究院或技术中心，加快行业高端技术的探索、研究和应用，不断提升建筑行业的科技创新驱动力，为加快建筑产业化推进积蓄新动能。

（四）江西省装配式建筑业投资策略分析

1. 市场的定位

我国正处于从低收入国家向中等收入国家发展的过渡阶段，城镇化建设力度不断加大。据统计，我国城市住宅每年的建设量在 12 亿平方米以上，多数为钢筋混凝土高层建筑，普遍采用传统现浇的方式进行建设。这种建设方式粗放、能源消耗大、生产效率低、技术含量低、对劳动力依赖度高，成本不可控，产业链缺乏有效的集成和整合，规模化和集约化程度低，建筑性能和品质无法保证，因现场施工错误导致住宅质量问题频发，且对环境和资源造成巨大的破坏和浪费。

进入 21 世纪后，伴随着我国城镇化和城市现代化进程的快速发展，能源与资源不足的矛盾越发突出，生态建设和环境保护的形势日益严峻，原来建立在我国劳动力价格相对低廉基础之上的建筑行业，随着人口红利的消失，人工费不断增高，建设成本持续上涨，传统建筑方式在建筑品质、成本及速度方面日益无法满足现代社会发展的需求，逐渐成为制约我国建筑业进一步发展的瓶颈。因而要求建筑行业必须进行产业化升级，逐步从传统的粗放型施工向集约精细的工业化生产转变，减少对劳动力的需求数量，改善劳动工作环境，降低对劳动力手工作业的要求。

随着科学和工业技术的发展，一种新型建筑模式即建筑工业化应运而生。工业化建筑包括主体在内大部分构件和部品均在工厂生产、配送，生产遵循标准化、工业化，以模数协调、模块集成、技术优化为基础，以大工厂流水线生产，大装备成批量制造为工业化手段，以机械化作业和装配施工为作业方式，传统的建筑工地变为建筑工厂的"总装车间"，形成效率好、质量好、材料省、污染少的建筑业生产方式。工厂化建设绿色低碳建筑能实现对项目执行的三大可控：质量可控、成本可控和进度可控。

我国目前混凝土预制构件在整幢建筑中的使用比例远远低于发达国家的水平，发展空间巨大。其一方面表现在全国固定资产投资增长带动建筑业的增长，混凝土预制构件行业作为一个建筑业细分行业空间随之增大；另一方面随着国家住宅产业化、建筑标准化的战略实施，混凝土预制构件以其优良特性将会迅速地取代传统混凝土建筑建材的市场份额，进一步提升混凝土预制构件行业空间。

据预测，到 2030 年我国城镇化率将达到 65% 左右。从我国的城镇化规模来看，不论是年净增量还是城镇人口总量，都已长期处于世界第一。随着城市化进程的不断推进，住宅需求会持续存在，我国房地产及房屋建设投资将会继续保持增长，而装配式建筑产业也将迎来爆发式的增长。

2. 江西在多地试点装配式建筑 RFID 实现质量追溯管理

江西省第一个装配式建筑展示馆在南昌县武阳镇落地，标志着江西省装配式建筑进入实质性推广阶段。

像搭积木一样建房子，与传统现场浇注建房子相比，质量是否可靠？据介绍，装配式建筑由于大部分部件在工厂生产，流水线作业，质量更容易把控，常见的漏雨、透寒等问题能得到很好的解决。借助信息化技术，建筑部件还可采用可溯源系统，建立质量责任追究制。以南昌县装配式建筑展示馆为例，它运用一款混凝土预制件 RFID 生产管理以及 PC 构件 RFID 质量追溯管理系统。该系统通过 RFID 手持扫码机对每个生产工序的 RFID 芯片扫描后现场录入，自动生成时间、责任人、质量检验人员签名等。到布料工段，再将 RFID 芯片植入混凝土中与构件永远融合，后期通过扫描植入的 RFID 芯片即可得到相关质量数据。

2016 年，江西省确定南昌、抚州、上饶、九江、吉安、赣州为全省装配式建筑发展试点城市，并给予优惠政策。其中，符合条件的装配式建筑项目的农民工工资保证金、履约保证金等可以减免；采用装配式施工方式建造的商品房项目，符合条件的可优先办理《商品房预售许可证》，其项目预售监管资金比例减半。

3. 建筑服务类

建筑服务类业务要适度进行多元化探索，增添发展动力；通过技术整合，积极融合移动互联网技术，通过模式创新抢占市场先机；通过资本整合，提升市场占有份额。公司建筑服务类业务的重点主要是物业管理、劳务服务和建筑投资，具体如下：

第一，物业管理社会化。针对雅苑小区等住宅物业，执行社会化物业管理，完善物业管理制度，提升服务管理等级，并按照二级资质收费标准收费；针对口面房物业，小树林物业代表集团对外招租并提供物业服务，收取相应租金和物业服务费；针对办公楼物业，由小树林物业统一管理、对外招租并提供物业服务，各子、分公司享有优先租赁权；针对商业地产项目，与亚达房地产公司合作提供配套物业服务。

第二，劳务管理市场化。规范公司劳动用工管理，施工项目与劳务公司必须要签订劳动合同，推行劳务人员实名制管理，切实加强劳动用工和工资支付过程的监督管理。华联劳务公司必须走向社会，在市场经济环境下组织经营管理，重点建立一个具有实践经验的管理队伍，形成一支500人以上的自有劳务队伍，依靠公司建筑施工优势，苦练内功，抢占市场，快速提高施工过程质量管理水平。

第三，投融资平台网络化。公司结合企业实际情况，围绕建筑施工业务筹建投资公司，建立网络化投资或融资信息平台。采用资产管理、资本运营等方式，通过投资新兴建筑产品的开发和运营管理逐渐扩大经营范围，使公司向投融资和资本运营方向发展。

三、加强装配式建筑全产业链发展的对策建议

为进一步推动我省装配式建筑发展，促进房地产建筑产业链转型升级，提出如下建议。

（一）总体思路

坚持以习近平新时代中国特色社会主义思想为指导，深入贯彻习近平总书记视察江西重要讲话精神，全面落实中央"六稳""六保"决策部署，按照推动建造方式创新和建设资源节约型、环境友好型社会的要求，以建筑工程品质提升为主线，以住宅产业化为切入点，以政府和国有投资的保障性住房及学校、医院等公益性项目为突破口，坚持集聚集约、坚持深度融合、坚持转型创新，逐步实现装配式建筑全产业链标准化、产业化、集成化和智能化，为全省高质量跨越式发展提供有力支撑。

（二）发展目标

以开展第二批全国钢结构装配式建筑试点为契机，鼓励各地加快国家和省级装配式建筑示范城市、产业基地建设，逐步提高装配式建筑应用比例。力争到2025年，全省建成100个以上省级装配式建筑产业基地、8～10个国家级装配式建筑产业园区，形成一批各具特色的示范城市、部品部件生产示范基地、装配式建筑示范项目，具有江西特色的装配式建筑产业链快速发展。

1. 重点推进地区（南昌、上饶、抚州、吉安、九江、赣州）

到2020年底前，装配式建筑占新建建筑面积比例达到30%以上，其中政府

投资工程装配式建筑面积占比达到 50% 以上；到 2025 年底前，装配式建筑占新建建筑面积比例达到 50% 以上，符合条件的政府投资项目全部采用装配式施工，形成南昌等一批全国装配式建筑示范城市。

2. 积极推进地区（宜春、新余、景德镇、萍乡）

到 2020 年底前，装配式建筑占新建建筑面积比例达到 20% 以上，其中政府投资工程装配式建筑面积占比达到 30% 以上。到 2025 年前，装配式建筑占新建建筑面积比例达到 30% 以上，其中政府投资工程装配式建筑面积占比达到 50% 以上。

3. 各地下列项目应当采用装配式建筑

（1）政府投资建设单体超过 1 万平方米的新建人才房、学校、医院、科研、办公、酒店、综合楼、工业厂房等建筑。

（2）社会投资单体建筑面积超过 2 万平方米的新建民用建筑、工业建筑（含厂房及配套办公楼和宿舍）。

（3）重点推进地区的新开工总建筑面积 10 万平方米及以上（以规划许可证记载面积为准）的房地产开发项目（含住宅小区项目），2020 年 7 月 1 日至 2023 年 12 月 31 日首次报批设计总平面方案的项目，按不低于项目总建筑面积 15% 的比例配建；2024 年 1 月 1 日（含）之后首次报批设计总平面方案的项目，按不低于项目总建筑面积 30% 的比例配建。按比例配建装配式建筑的工程项目，分期建设或报建的，前期建设或报建的工程应优先配建装配式建筑。

（4）除上述规定采用装配式建造的建筑外，鼓励商品住宅项目实行全装修交楼，鼓励使用预制内外墙板、楼梯、叠合楼板、阳台板、梁以及集成式橱柜、卫生间浴室等构配件、部品部件；鼓励其他建筑按照装配式建筑标准进行规划建设。

（5）积极推进地区的各县（市）可参照重点推进区制定辖区范围内装配式建筑的实施范围和标准，确保按要求完成装配式建筑发展目标。

（三）重点任务

1. 编制发展规划

研究编制江西省装配式建筑"十四五"发展规划，大力推广应用装配式混凝土结构、钢结构等建筑结构体系，明确工作重点和目标任务，引导装配式建筑向绿色、低碳、超低能耗建筑发展。支持南昌县、章贡区、湖口县、信州区、余干县等尽快形成区域性装配式建筑重点示范县区。制定江西省装配式建筑产业基地管理办法，有序发展装配式建筑产业基地。各地市、省直管县（市）要结合实际，编制本地区"十四五"期间装配式建筑发展规划，合理确定总体发展目标和重点任务，明确装配式建筑占新建建筑比例、重点实施区域，优化产业布局，科学配置产能，统筹推进装配式建筑发展。各地应在2020年12月底前完成规划编制工作，并将批准后的规划报送省住房城乡建设厅备案。

2. 健全标准体系

依托科研机构和龙头企业成立江西省建筑产业现代化地方标准编制委员会，加快完成装配式结构体系的设计、构件生产、装配施工、竣工验收、使用维护、造价管理和系统评价等一系列地方标准、规范和图集的编制工作。编制江西省预制装配式建筑通用部品标准，规范部品设计与生产，实现建筑部品标准化、模数化和通用化。修订装配式建筑工程定额等计价依据，每月发布装配式建筑部品部件市场价格信息。开展建筑产业现代化关键技术研究及集成示范，在此基础上总结编发江西省相关技术导则，成熟技术及时编发地方标准；暂无标准、无技术导则的结构体系，可进行专项技术方案论证，出具专家论证意见等形式推广应用。

3. 培育生产主体

鼓励江西建工等省内大型房地产开发企业和设计、施工骨干企业融合，进军装配式建筑产业现代化领域。引进培育设计、生产、施工一体化企业，形成一批技术先进、专业配套、管理规范的装配式建筑工程总承包企业。装配式建筑生产企业满足生产基本条件、具有装配施工能力，其项目经理和技术负责人具有相关业绩的，可直接申请建筑工程施工总承包二级资质。支持装配式构配件生产企业布局建设生产基地，原则上各设区的市不少于 2 个构配件生产基地。

4. 壮大产业链条

大力引进行业龙头企业，补齐、壮大、拓展装配式建筑研发、设计、生产、运输、装配全产业链。引导有条件的钢铁企业调整产品结构，生产符合模数的建筑用钢，支持省内规模较大、技术能力较强的构件、商品混凝土、传统建材、新型墙体材料生产企业，向装配式建筑构配件生产企业转型。支持科研院所、高等学校、咨询、监理、检测等中介服务主体拓展业务范围，提升装配式建筑产业配套实施能力。各地应依托现有工业园区，发挥内陆开放经济试验区、沿江、省域交界城市的政策、区位优势，引导装配式建筑设计、科研、建筑材料、构配件生产、物流、检测等企业产业聚集，创建装配式建筑产业园区，打造面向长三角地区、珠三角地区、海西经济区的装配式建筑产业基地。

5. 扩展市场需求

坚持质量安全和宜装配则装配原则，以装配式钢结构、混凝土结构等为重点，因地制宜选择适合本地区的装配式建筑技术。以保障性安居工程等政府投资居住项目为切入点，分步推进装配式混凝土结构的水平构件、竖向非承重构件、竖向承重构件技术体系，逐步提升装配率。以公共建筑、工业建筑为重点，大力推广装配式钢结构技术体系。倡导轻钢结构、木结构在旅游度假、园林景观和仿古建筑项目中的应用。加强国际产能和装备制造合作，支持有能力、有条件的装配式建筑企业和构配件生产企业积极稳妥"走出去"。

6. 推广绿色建材

积极支持绿色建材在装配式建筑中的应用，大力推广高品质水泥、高性能混凝土、新型墙体保温材料、高性能节能门窗等新型建筑材料。支持墙材生产企业开发推广保温与结构、装饰一体化的配套墙体材料，鼓励综合利用产业废弃物生产砌块、建筑板材和多功能复合一体化产品。开展绿色建材评价，定期发布推广目录，强制淘汰不符合节能环保要求、质量性能差的建筑材料，确保安全、绿色、环保，引导绿色产业发展方向。

7. 提升竞争能力

增加装配式建筑产业化的科研投入，联合高等院校、科研院所等开展装配式建筑结构体系、机电设备、构配件、装配施工、装饰装修等一体化集成技术研究，引导施工企业研发应用与装配式施工相适应的部品部件吊装、运输与堆放、套筒灌浆、部品部件连接等施工技术，突破钢结构住宅三板性能、节点连接、抗裂隔音、露梁露柱等共性关键难题，支持装配式建筑产业基地争创国家级、省级制造业创新中心、企业技术中心、工程技术研究中心。积极研发应用 BIM 等现代化信息技术，实现建筑产品全过程的追踪、定位和维护。依托装配式建筑产业基地，在全省建设 1 ~ 2 个装配式建筑研发中心，开展装配式建筑关键技术攻关和示范。

8. 加强质量管理

完善装配式建筑工程施工图审查、建设监理、质量安全监督、竣工验收等管理制度，建立部品部件生产、运输存放、检验检测、装配施工及验收的全过程质量保证体系，开展装配式建筑性能和部品部件评价。设计单位和图纸审查机构要强化施工图文件设计质量审查，严格设计审核校验，实行全过程服务。生产企业要加强部品部件生产过程质量控制和检验检测，采用植入芯片或标注二维码等方式，统一部品部件编码系统。施工单位要加强施工关键部位工序质量安全控制和检验检测，提高部品部件装配施工连接质量和建筑安全性能，严格执行工程质量终身责任制。建设单位不得以任何理由要求设计、施工、监理单位降低装配式建筑要求进行设计、施工、监理。监理单位要提升装配式建筑监理能力，严格履行监理职责。加强对装配式建筑质量安全性能等方面的检测，严肃查处质量安全违法违规行为。

9. 开展示范推广

以住宅产业现代化为切入点，选择政府和国有投资的保障性住房和学校、医院等公益性项目作为推动建筑产业现代化的示范工程，力争到 2021 年底全省保障性住房工程中预制装配式住宅建筑面积不低于 500 万平方米。示范工程重点对不同产业化水平的预制装配式混凝土结构或装配式钢结构成套技术应用、国内现有成熟技术与产品的工业化生产和安装、我省开发的适合本地资源和气候特点的预制构部件及配套产品应用、住房城乡建设和质量监督部门对预制构配件的质量监管模式、探索行之有效的扶持政策等内容进行示范。支持有条件的地市建设装配式建筑产业现代化园区，发挥示范、引导、集聚和辐射作用。

10. 推进一体装修

全面推进装配式建筑全装修，实行装配式建筑装饰装修与主体结构、机电设备一体化设计和协同施工，一次性装修到位。积极推广标准化、集成化、模块化的装修模式，促进整体厨卫、轻质隔墙等材料、产品和设备管线集成化技术的应用，提高装配化装修水平。大力推进装配式成品住宅建设，鼓励装配式绿色建筑实行精装修，推广菜单式全装修，满足消费者个性化需求。鼓励企业创新施工组织方式，加强施工动态管理，促进人、材、机相融合的施工管理模式。支持施工企业编制施工工法，提高装配施工技能，实现技术工艺、组织管理、技能队伍的转变，打造一批具有较高装配施工技术水平的骨干企业。

11. 推行工程总承包

建立推行与装配式建筑发展相适应的工程总承包建设模式。健全与装配式建筑总承包相适应的发包承包、施工许可、分包管理、工程造价、质量安全监管、竣工验收等制度，实现工程设计、部品部件生产、施工及采购的统一管理和深度融合。按照总承包负总责的原则，落实工程总承包单位在工程质量安全、进度控制、成本管理等方面的责任。支持大型设计、施工和部品部件生产企业通过调整组织架构、健全管理体系，向具有工程管理、设计、施工、生产、采购能力的工程总承包企业转型。发展装配式建筑全过程工程咨询，政府投资工程带头推行全过程工程咨询，鼓励非政府投资工程委托符合条件企业开展全过程工程咨询。

（四）政策支持

1. 加强财政支持

整合城市功能品质三年提升行动、美丽乡村建设、棚户区改造、特别国债等相关专项资金，适当支持装配式建筑发展。省级层面每年度给予装配式建筑试点、示范城市财政奖补，钢结构装配式住宅示范工程补助标准按 300 元/平方米（总面积不超过 10 万平方米），轻钢农房示范点项目补助标准按 100 元/平方米（总面积不超过 10 万平方米）试行。对企业承揽对外承包工程，按当年新签境外项目合同额给予一定比例的项目咨询、设计规划等前期费用补助。各地人民政府可根据当地经济发展水平，对装配式建筑技术创新、产业基地和农村装配式建筑项目给予财政奖补。对易地扶贫搬迁和农村危房改造中推广应用装配式建筑的项目，根据企业在省内生产、用于易地扶贫搬迁、农村危房改造的装配式建筑面积等情况，由省、市、县财政给予一定的奖励。

2. 强化用地保障

各地应优先保障装配式建筑产业发展建设用地，对照年度目标任务，明确装配式建筑项目、生产基地的用地指标及具体地块，支持装配式建筑产业用地享受工业用地政策。从 2021 年起，在每年新拍卖的土地中安排不少于 15% 比例的土地作为装配式建筑建设用地。装配式建筑工程可参照重点工程报建流程，纳入工程审批绿色通道。各地要建立装配式建筑项目库，于每年第一季度向社会发布当年项目的名称、位置、类别、规模、开工竣工时间等信息。

3. 加大金融支持

符合条件的装配式建筑企业享受战略性新兴产业、高新技术企业扶持等政策。各地对科技含量高、市场前景好的装配式建筑企业，可依据有关规定在一定期限内给予一定额度贷款贴息。装配式建筑项目投标保证金、履约保证金、工程质量保证金、农民工工资保证金，可以保函的方式缴纳。消费者使用住房公积金贷款购买已认定为装配式建筑项目的商品住房，公积金贷款额度最高可上浮20%。购买装配式全装修住宅的购房者，可以成品住宅成交总价为基数确定贷款额度。

4. 实施税费优惠

鼓励和支持企业、高等学校、研发机构研究开发装配式建筑新技术、新工艺、新材料和新设备，符合条件的研究开发费用可以按照国家有关规定享受税前加计扣除等优惠政策。对装配式建筑产业基地企业，经相关职能部门认定为高新技术企业的，减按15%的税率征收企业所得税。符合新型墙体材料目录的纳税人，可按规定享受增值税即征即退优惠政策。

5. 实行容积率奖励

对房地产开发项目，主动采用装配式方式建造且装配率大于50%的，经报相关职能部门批准，其项目总建筑面积的3%~5%可不计入成交地块的容积率核算。具体办法由各市县人民政府另行制定。

6. 优先办理商品房预售

对满足装配式建筑要求并以出让方式取得土地使用权，领取土地使用证和建设工程规划许可证的商品房项目，投入开发建设的资金达到工程建设总投资的25%以上，或完成基础工程达到正负零的标准，在已确定施工进度和竣工交付日期的前提下，可向当地房地产管理部门办理预售登记，领取《商品房预售许可证》，法律法规另有规定的除外。在办理《商品房预售许可证》时，允许将装配式预制构件投资计入工程建设总投资额，纳入进度衡量。

7. 优化工程招投标程序

装配式建筑项目工程总承包招标后，总包范围内涵盖的勘察、设计、采购、施工可不再通过招标形式确定分包单位。工程总承包企业要对工程质量、安全、进度、造价负总责。装配式建筑工程项目，符合法定不招标条件的，经建筑工程招投标主管部门认定后，可直接进入项目报建审批程序。

8. 加强交通运输保障

公安、交管部门对运输超大、超宽的预制混凝土构件、钢结构构件、木结构构件和部品部件制品等的运输车辆，在物流运输、交通畅通方面依法依规给予支持，加快研究制定全省高速公路通行费减免优惠政策。

9. 加强人才培养

支持省内高校、职业学校设置装配式建筑、BIM 技术专业课程，推动装配式建筑企业开展校企合作，创新人才培养模式。将装配式建筑政策、技术、标准等纳入建设工程注册执业人员、专业技术人员继续教育内容，加强对外交流合作，借鉴国内外先进技术和管理经验，引进培养装配式建筑设计、生产、施工、管理等专业人才。依托省级及以上装配式建筑产业基地建立实训基地，加强岗位技能提升培训，促进建筑业农民工向技术工人转型。鼓励总承包企业和专业企业按照装配式建筑产业发展要求，自行培训、考核评价技能人才，建立专业化队伍。

10. 评先评优支持

在生态园林城市评估、绿色建筑评价，以及鲁班奖、优质工程奖等评选推荐工作中，优先考虑装配式建筑。

（五）保障措施

1. 加强组织领导

建立由省政府分管领导为组长，省住房城乡建设厅牵头，发展改革、财政、人力资源和社会保障、科技、工业和信息化、市场监管、生态环境、自然资源、交通运输、公安、税务、金融等部门参与的装配式建筑产业发展工作领导小组，领导小组办公室设在省住房城乡建设厅。由省住房城乡建设厅牵头，组建全省建筑产业现代化专家委员会，指导各地建筑产业现代化项目建设。各地和相关部门要高度重视建筑产业现代化工作，因地制宜研究提出发展装配式建筑的目标任务，研究制定经济激励政策和技术措施，确保发展装配式建筑各项工作落到实处。

2. 明确工作职责

①省住房城乡建设厅：负责组织编制《江西省装配式建筑专项规划》《江西省装配式建筑产业基地管理办法》《江西省预制装配式建筑通用部品标准》等地方标准、规范和图集的编制工作，并将具体装配式建筑标准要求与内容在专项规划中落实；会同相关部门根据专项规划制订装配式建筑发展年度计划和目标任务并组织实施；按照专项规划及相关规范要求加强对装配式建筑的验收与监管；推广应用建筑产业现代化部品部件及新技术；开展装配式建筑相关专业培训，加快装配式建筑人才培养。②省发展改革委：协助制订装配式建筑发展年度计划和目标任务；负责落实政府投资工程带头发展装配式建筑的要求，并在项目立项文件中明确是否实施装配式建筑的意见。③省自然资源厅：协助制订装配式建筑年度计划和目标任务；负责在土地出让公告、土地出让合同或划拨决定书中明确实施装配式建筑的项目和配建比例；落实年度实施装配式建筑的建设工程项目用地面积占总批准用地的比例；将发展装配式建筑的有关要求纳入规划条件，在土地规划设计条件或项目选址意见书中落实装配式建筑配建要求。④省财政厅：负责统筹相关资金，按照有关政策精神支持建筑产业现代化发展；负责落实国家、省对装配式建筑产业的相关财政优惠政策，加强政府投资大中型建筑工程概算文件中装配式建筑相关内容的审查。⑤省科技厅：负责利用科技发展资金，支持装配式建筑科研和引进技术的消化、吸收等工作；组织符合相关条件拥有成套装配式建筑技术体系和自主知识产权的优势企业申报高新技术企业，鼓励企业增加装配式建筑研究的科研投入；会同有关部门利用财政资金扶持装配式建筑产业现代化研发、生产基地建设。⑥省工业和信息化厅：负责装配式建筑生产企业管理，支持部品部件生产企业进行重大技术改造和创新；会同有关部门利用财政资金扶持建

筑产业现代化研发、生产基地建设，推进工业化和信息化融合。⑦省市场监管局：做好装配式建筑相关企业的注册登记工作；负责生产环节的装配式建筑预制部品部件等产品的质量监督管理工作，以及装配式预制部品部件相关标准的贯彻和执行工作。⑧省税务局：负责对符合条件且认定为高新技术企业或符合新型墙体材料目录的装配式建筑部品部件生产企业，落实相关优惠政策。⑨省金融局：负责出台对装配式建筑生产基地和项目建设给予金融支持的相关规定。⑩省住房公积金管理中心：负责做好装配式建筑的公积金住房贷款扶持工作。⑪各地、各工业园要积极引进技术先进、专业配套、管理规范的装配式骨干企业和生产基地。负责根据目标任务要求确定辖区内实施装配式建筑的项目范围和标准；负责制订本辖区装配式建筑发展年度计划并组织实施，确保实现本辖区内装配式建筑占新建建筑的面积比例要求；负责制定出台本辖区装配式建筑扶持政策，及时上报装配式建筑生产基地、项目信息。⑫省商务厅、省人力资源社会保障厅、省公安厅、省交通运输厅、省生态环境厅、省应急管理厅等单位：按照各自职责，为建筑产业现代化发展提供支持。各地各部门发展装配式建筑工作进展及成效，将列为全省高质量发展考核评价的重要内容。

3. 实现闭合监管

加强装配式建筑各环节的审批过程管理。省发展改革委、省自然资源厅、省住房城乡建设厅应结合工作职责，督促落实装配式建筑基本建设程序各环节闭合监管机制。土地出让阶段，对以招拍挂方式供地的社会投资、符合装配式建造条件的项目，自然资源规划部门应在土地招标文件中明确装配式建造方式；对政府投资的、符合装配式建造条件的项目，发展改革部门应在项目立项或初步设计概算批复时明确按装配式方式建造。规划报建阶段，自然资源规划部门应根据土地出让文件中明确的装配式建筑实施内容对装配式建筑专篇进行审查。建设监管阶段，对符合建设条件而不采用装配式方式建造的项目，各监管责任主体应严格把关，不予受理施工图审查、施工许可、竣工验收申请等。

4. 强化考核问责

各级政府要参照本实施方案的工作职责，制订相应工作计划，明确部门分工，定期开展专项督查，有力促进工作落实。对因技术原因拟不采用装配式方式建造的项目，应报省建筑产业现代化专家委员会审核确定。专家组应由不少于7名专家组成，均应从全省装配式建筑专家库中抽取，审核时必须经四分之三以上专家同意方为评审通过，不得以会议纪要、指示、批示等形式更改项目建造方式。对各市县政府在推进装配式建筑工作各环节中不执行有关规定的，将进行通报批评或约谈。对没有认真履责的各项目建设单位、勘察设计机构、图审机构、施工总承包企业和相关责任人等，将纳入不良诚信记录并予以公开。

5. 加大宣传力度

充分利用报刊、杂志、广播电视以及新媒体渠道，广泛宣传发展装配式建筑的经济社会效益，以及装配式建筑的政策与技术、工程与产品。充分发挥各行业协会、大型企业的导向作用，加大对试点项目、示范工程的宣传推介力度，逐步提高全社会对装配式建筑的认知度，促进装配式建筑相关产业和市场健康发展。

附录1 国务院办公厅关于大力发展装配式建筑的指导意见

国办发〔2016〕71号

各省、自治区、直辖市人民政府，国务院各部委、各直属机构：

装配式建筑是用预制部品部件在工地装配而成的建筑。发展装配式建筑是建造方式的重大变革，是推进供给侧结构性改革和新型城镇化发展的重要举措，有利于节约资源能源、减少施工污染、提升劳动生产效率和质量安全水平，有利于促进建筑业与信息化工业化深度融合、培育新产业新动能、推动化解过剩产能。近年来，我国积极探索发展装配式建筑，但建造方式大多仍以现场浇筑为主，装配式建筑比例和规模化程度较低，与发展绿色建筑的有关要求以及先进建造方式相比还有很大差距。为贯彻落实《中共中央　国务院关于进一步加强城市规划建设管理工作的若干意见》和《政府工作报告》部署，大力发展装配式建筑，经国务院同意，现提出以下意见。

一、总体要求

（一）指导思想。全面贯彻党的十八大和十八届三中、四中、五中全会以及中央城镇化工作会议、中央城市工作会议精神，认真落实党中央、国务院决策部署，按照"五位一体"总体布局和"四个全面"战略布局，牢固树立和贯彻落实创新、协调、绿色、开放、共享的发展理念，按照适用、经济、安全、绿色、美观的要求，推动建造方式创新，大力发展装配式混凝土建筑和钢结构建筑，在具备条件的地方倡导发展现代木结构建筑，不断提高装配式建筑在新建建筑中的比例。坚持标准化设计、工厂化生产、装配化施工、一体化装修、信息化管理、智能化应用，提高技术水平和工程质量，促进建筑产业转型升级。

（二）基本原则。坚持市场主导、政府推动。适应市场需求，充分发挥市场在资源配置中的决定性作用，更好发挥政府规划引导和政策支持作用，形成有利的体制机制和市场环境，促进市场主体积极参与、协同配合，有序发展装配式建筑。

坚持分区推进、逐步推广。根据不同地区的经济社会发展状况和产业技术条件，划分重点推进地区、积极推进地区和鼓励推进地区，因地制宜、循序渐进，以点带面、试点先行，及时总结经验，形成局部带动整体的工作格局。

坚持顶层设计、协调发展。把协同推进标准、设计、生产、施工、使用维护等作为发展装配式建筑的有效抓手，推动各个环节有机结合，以建造方式变革促进工程建设全过程提质增效，带动建筑业整体水平的提升。

（三）工作目标。以京津冀、长三角、珠三角三大城市群为重点推进地区，常住人口超过 300 万的其他城市为积极推进地区，其余城市为鼓励推进地区，因地制宜发展装配式混凝土结构、钢结构和现代木结构等装配式建筑。力争用 10 年左右的时间，使装配式建筑占新建建筑面积的比例达到 30%。同时，逐步完善法律法规、技术标准和监管体系，推动形成一批设计、施工、部品部件规模化生产企业，具有现代装配建造水平的工程总承包企业以及与之相适应的专业化技能队伍。

二、重点任务

（四）健全标准规范体系。加快编制装配式建筑国家标准、行业标准和地方标准，支持企业编制标准、加强技术创新，鼓励社会组织编制团体标准，促进关键技术和成套技术研究成果转化为标准规范。强化建筑材料标准、部品部件标准、工程标准之间的衔接。制修订装配式建筑工程定额等计价依据。完善装配式建筑防火抗震防灾标准。研究建立装配式建筑评价标准和方法。逐步建立完善覆盖设计、生产、施工和使用维护全过程的装配式建筑标准规范体系。

（五）创新装配式建筑设计。统筹建筑结构、机电设备、部品部件、装配施工、装饰装修，推行装配式建筑一体化集成设计。推广通用化、模数化、标准化设计方式，积极应用建筑信息模型技术，提高建筑领域各专业协同设计能力，加强对装配式建筑建设全过程的指导和服务。鼓励设计单位与科研院所、高校等联合开发装配式建筑设计技术和通用设计软件。

（六）优化部品部件生产。引导建筑行业部品部件生产企业合理布局，提高产业聚集度，培育一批技术先进、专业配套、管理规范的骨干企业和生产基地。支持部品部件生产企业完善产品品种和规格，促进专业化、标准化、规模化、信息化生产，优化物流管理，合理组织配送。积极引导设备制造企业研发部品部件生产装备机具，提高自动化和柔性加工技术水平。建立部品部件质量验收机制，确保产品质量。

（七）提升装配施工水平。引导企业研发应用与装配式施工相适应的技术、设备和机具，提高部品部件的装配施工连接质量和建筑安全性能。鼓励企业创新施工组织方式，推行绿色施工，应用结构工程与分部分项工程协同施工新模式。支持施工企业总结编制施工工法，提高装配施工技能，实现技术工艺、组织管理、技能队伍的转变，打造一批具有较高装配施工技术水平的骨干企业。

（八）推进建筑全装修。实行装配式建筑装饰装修与主体结构、机电设备协同施工。积极推广标准化、集成化、模块化的装修模式，促进整体厨卫、轻质隔墙等材料、产品和设备管线集成化技术的应用，提高装配化装修水平。倡导菜单式全装修，满足消费者个性化需求。

（九）推广绿色建材。提高绿色建材在装配式建筑中的应用比例。开发应用品质优良、节能环保、功能良好的新型建筑材料，并加快推进绿色建材评价。鼓励装饰与保温隔热材料一体化应用。推广应用高性能节能门窗。强制淘汰不符合节能环保要求、质量性能差的建筑材料，确保安全、绿色、环保。

（十）推行工程总承包。装配式建筑原则上应采用工程总承包模式，可按照技术复杂类工程项目招投标。工程总承包企业要对工程质量、安全、进度、造价负总责。要健全与装配式建筑总承包相适应的发包承包、施工许可、分包管理、工程造价、质量安全监管、竣工验收等制度，实现工程设计、部品部件生产、施工及采购的统一管理和深度融合，优化项目管理方式。鼓励建立装配式建筑产业技术创新联盟，加大研发投入，增强创新能力。支持大型设计、施工和部品部件生产企业通过调整组织架构、健全管理体系，向具有工程管理、设计、施工、生产、采购能力的工程总承包企业转型。

（十一）确保工程质量安全。完善装配式建筑工程质量安全管理制度，健全质量安全责任体系，落实各方主体质量安全责任。加强全过程监管，建设和监理等相关方可采用驻厂监造等方式加强部品部件生产质量管控；施工企业要加强施工过程质量安全控制和检验检测，完善装配施工质量保证体系；在建筑物明显部位设置永久性标牌，公示质量安全责任主体和主要责任人。加强行业监管，明确符合装配式建筑特点的施工图审查要求，建立全过程质量追溯制度，加大抽查抽测力度，严肃查处质量安全违法违规行为。

三、保障措施

（十二）加强组织领导。各地区要因地制宜研究提出发展装配式建筑的目标和任务，建立健全工作机制，完善配套政策，组织具体实施，确保各项任务落到实处。各有关部门要加大指导、协调和支持力度，将发展装配式建筑作为贯彻落实中央城市工作会议精神的重要工作，列入城市规划建设管理工作监督考核指标体系，定期通报考核结果。

（十三）加大政策支持。建立健全装配式建筑相关法律法规体系。结合节能减排、产业发展、科技创新、污染防治等方面政策，加大对装配式建筑的支持力度。支持符合高新技术企业条件的装配式建筑部品部件生产企业享受相关优惠政策。符合新型墙体材料目录的部品部件生产企业，可按规定享受增值税即征即退优惠政策。在土地供应中，可将发展装配式建筑的相关要求纳入供地方案，并落实到土地使用合同中。鼓励各地结合实际出台支持装配式建筑发展的规划审批、土地供应、基础设施配套、财政金融等相关政策措施。政府投资工程要带头发展装配式建筑，推动装配式建筑"走出去"。在中国人居环境奖评选、国家生态园林城市评估、绿色建筑评价等工作中增加装配式建筑方面的指标要求。

（十四）强化队伍建设。大力培养装配式建筑设计、生产、施工、管理等专业人才。鼓励高等学校、职业学校设置装配式建筑相关课程，推动装配式建筑企业开展校企合作，创新人才培养模式。在建筑行业专业技术人员继续教育中增加装配式建筑相关内容。加大职业技能培训资金投入，建立培训基地，加强岗位技能提升培训，促进建筑业农民工向技术工人转型。加强国际交流合作，积极引进海外专业人才参与装配式建筑的研发、生产和管理。

（十五）做好宣传引导。通过多种形式深入宣传发展装配式建筑的经济社会效益，广泛宣传装配式建筑基本知识，提高社会认知度，营造各方共同关注、支持装配式建筑发展的良好氛围，促进装配式建筑相关产业和市场发展。

国务院办公厅

2016 年 9 月 27 日

附录2 国务院办公厅转发住房城乡建设部关于完善质量保障体系提升建筑工程品质指导意见的通知

国办函〔2019〕92号

各省、自治区、直辖市人民政府，国务院有关部门：

住房城乡建设部《关于完善质量保障体系提升建筑工程品质的指导意见》已经国务院同意，现转发给你们，请认真贯彻落实。

国务院办公厅

2019年9月15日

建筑工程质量事关人民群众生命财产安全，事关城市未来和传承，事关新型城镇化发展水平。近年来，我国不断加强建筑工程质量管理，品质总体水平稳步提升，但建筑工程量大面广，各种质量问题依然时有发生。为解决建筑工程质量管理面临的突出问题，进一步完善质量保障体系，不断提升建筑工程品质，现提出以下意见。

一、总体要求

以习近平新时代中国特色社会主义思想为指导，全面贯彻党的十九大和十九届二中、三中全会以及中央城镇化工作会议、中央城市工作会议精神，按照党中央、国务院决策部署，坚持以人民为中心，牢固树立新发展理念，以供给侧结构性改革为主线，以建筑工程质量问题为切入点，着力破除体制机制障碍，逐步完善质量保障体系，不断提高工程质量抽查符合率和群众满意度，进一步提升建筑工程品质总体水平。

二、强化各方责任

（一）突出建设单位首要责任。建设单位应加强对工程建设全过程的质量管理，严格履行法定程序和质量责任，不得违法违规发包工程。建设单位应切实落实项目法人责任制，保证合理工期和造价。建立工程质量信息公示制度，建设单位应主动公开工程竣工验收等信息，接受社会监督。（住房城乡建设部、发展改革委负责）

（二）落实施工单位主体责任。施工单位应完善质量管理体系，建立岗位责任制度，设置质量管理机构，配备专职质量负责人，加强全面质量管理。推行工程质量安全手册制度，推进工程质量管理标准化，将质量管理要求落实到每个项目和员工。建立质量责任标识制度，对关键工序、关键部位隐蔽工程实施举牌验收，加强施工记录和验收资料管理，实现质量责任可追溯。施工单位对建筑工程的施工质量负责，不得转包、违法分包工程。（住房城乡建设部负责）

（三）明确房屋使用安全主体责任。房屋所有权人应承担房屋使用安全主体责任。房屋所有权人和使用人应正确使用和维护房屋，严禁擅自变动房屋建筑主体和承重结构。加强房屋使用安全管理，房屋所有权人及其委托的管理服务单位要定期对房屋安全进行检查，有效履行房屋维修保养义务，切实保证房屋使用安全。（住房城乡建设部负责）

（四）履行政府的工程质量监管责任。强化政府对工程建设全过程的质量监管，鼓励采取政府购买服务的方式，委托具备条件的社会力量进行工程质量监督检查和抽测，探索工程监理企业参与监管模式，健全省、市、县监管体系。完善

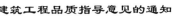

日常检查和抽查抽测相结合的质量监督检查制度，全面推行"双随机、一公开"检查方式和"互联网＋监管"模式，落实监管责任。加强工程质量监督队伍建设，监督机构履行监督职能所需经费由同级财政预算全额保障。强化工程设计安全监管，加强对结构计算书的复核，提高设计结构整体安全、消防安全等水平。（住房城乡建设部、发展改革委、财政部、应急部负责）

三、完善管理体制

（一）改革工程建设组织模式。推行工程总承包，落实工程总承包单位在工程质量安全、进度控制、成本管理等方面的责任。完善专业分包制度，大力发展专业承包企业。积极发展全过程工程咨询和专业化服务，创新工程监理制度，严格落实工程咨询（投资）、勘察设计、监理、造价等领域职业资格人员的质量责任。在民用建筑工程中推进建筑师负责制，依据双方合同约定，赋予建筑师代表建设单位签发指令和认可工程的权利，明确建筑师应承担的责任。（住房城乡建设部、发展改革委负责）

（二）完善招标投标制度。完善招标人决策机制，进一步落实招标人自主权，在评标定标环节探索建立能够更好满足项目需求的制度机制。简化招标投标程序，推行电子招标投标和异地远程评标，严格评标专家管理。强化招标主体责任追溯，扩大信用信息在招标投标环节的规范应用。严厉打击围标、串标和虚假招标等违法行为，强化标后合同履约监管。（发展改革委、住房城乡建设部、市场监管总局负责）

（三）推行工程担保与保险。推行银行保函制度，在有条件的地区推行工程担保公司保函和工程保证保险。招标人要求中标人提供履约担保的，招标人应当同时向中标人提供工程款支付担保。对采用最低价中标的探索实行高保额履约担保。组织开展工程质量保险试点，加快发展工程质量保险。（住房城乡建设部、发展改革委、财政部、人民银行、银保监会负责）

（四）加强工程设计建造管理。贯彻落实"适用、经济、绿色、美观"的建筑方针，指导制定符合城市地域特征的建筑设计导则。建立建筑"前策划、后评估"制度，完善建筑设计方案审查论证机制，提高建筑设计方案决策水平。加强住区设计管理，科学设计单体住宅户型，增强安全性、实用性、宜居性，提升住区环境质量。严禁政府投资项目超标准建设。严格控制超高层建筑建设，严格执行超限高层建筑工程抗震设防审批制度，加强超限高层建筑抗震、消防、节能等管理。创建建筑品质示范工程，加大对优秀企业、项目和个人的表彰力度；在招标投标、金融等方面加大对优秀企业的政策支持力度，鼓励将企业质量情况纳入招标投标评审因素。（住房城乡建设部、发展改革委、工业和信息化部、人力资源社会保障部、应急部、人民银行负责）

（五）推行绿色建造方式。完善绿色建材产品标准和认证评价体系，进一步提高建筑产品节能标准，建立产品发布制度。大力发展装配式建筑，推进绿色施工，通过先进技术和科学管理，降低施工过程对环境的不利影响。建立健全绿色建筑标准体系，完善绿色建筑评价标识制度。（住房城乡建设部、发展改革委、工业和信息化部、市场监管总局负责）

（六）支持既有建筑合理保留利用。推动开展老城区、老工业区保护更新，引导既有建筑改建设计创新。依法保护和合理利用文物建筑。建立建筑拆除管理制度，不得随意拆除符合规划标准、在合理使用寿命内的公共建筑。开展公共建筑、工业建筑的更新改造利用试点示范。制定支持既有建筑保留和更新利用的消防、节能等相关配套政策。（住房城乡建设部、发展改革委、工业和信息化部、应急部、文物局负责）

四、健全支撑体系

（一）完善工程建设标准体系。系统制定全文强制性工程建设规范，精简整合政府推荐性标准，培育发展团体和企业标准，加快适应国际标准通行规则。组织开展重点领域国内外标准比对，提升标准水平。加强工程建设标准国际交流合作，推动一批中国标准向国际标准转化和推广应用。（住房城乡建设部、市场监管总局、商务部负责）

（二）加强建材质量管理。建立健全缺陷建材产品响应处理、信息共享和部门协同处理机制，落实建材生产单位和供应单位终身责任，规范建材市场秩序。强化预拌混凝土生产、运输、使用环节的质量管理。鼓励企业建立装配式建筑部品部件生产和施工安装全过程质量控制体系，对装配式建筑部品部件实行驻厂监造制度。建立从生产到使用全过程的建材质量追溯机制，并将相关信息向社会公示。（市场监管总局、住房城乡建设部、工业和信息化部负责）

（三）提升科技创新能力。加大建筑业技术创新及研发投入，推进产学研用一体化，突破重点领域、关键共性技术开发应用。加大重大装备和数字化、智能化工程建设装备研发力度，全面提升工程装备技术水平。推进建筑信息模型（BIM）、大数据、移动互联网、云计算、物联网、人工智能等技术在设计、施工、运营维护全过程的集成应用，推广工程建设数字化成果交付与应用，提升建筑业信息化水平。（科技部、工业和信息化部、住房城乡建设部负责）

（四）强化从业人员管理。加强建筑业从业人员职业教育，大力开展建筑工人职业技能培训，鼓励建立职业培训实训基地。加强职业技能鉴定站点建设，完善技能鉴定、职业技能等级认定等多元评价体系。推行建筑工人实名制管理，加快全国建筑工人管理服务信息平台建设，促进企业使用符合岗位要求的技能工人。建立健全与建筑业相适应的社会保险参保缴费方式，大力推进建筑施工单位参加工伤保险，保障建筑工人合法权益。（住房城乡建设部、人力资源社会保障部、财政部负责）

五、加强监督管理

（一）推进信用信息平台建设。完善全国建筑市场监管公共服务平台，加强信息归集，健全违法违规行为记录制度，及时公示相关市场主体的行政许可、行政处罚、抽查检查结果等信息，并与国家企业信用信息公示系统、全国信用信息共享平台等实现数据共享交换。建立建筑市场主体黑名单制度，对违法违规的市场主体实施联合惩戒，将工程质量违法违规等记录作为企业信用评价的重要内容。（住房城乡建设部、发展改革委、人民银行、市场监管总局负责）

（二）严格监管执法。加大建筑工程质量责任追究力度，强化工程质量终身责任落实，对违反有关规定、造成工程质量事故和严重质量问题的单位和个人依法严肃查处曝光，加大资质资格、从业限制等方面处罚力度。强化个人执业资格管理，对存在证书挂靠等违法违规行为的注册执业人员，依法给予暂扣、吊销资格证书直至终身禁止执业的处罚。（住房城乡建设部负责）

（三）加强社会监督。相关行业协会应完善行业约束与惩戒机制，加强行业自律。建立建筑工程责任主体和责任人公示制度。企业须公开建筑工程项目质量信息，接受社会监督。探索建立建筑工程质量社会监督机制，支持社会公众参与监督、合理表达质量诉求。各地应完善建筑工程质量投诉和纠纷协调处理机制，明确工程质量投诉处理主体、受理范围、处理流程和办结时限等事项，定期向社会通报建筑工程质量投诉处理情况。（住房城乡建设部、发展改革委、市场监管总局负责）

（四）强化督促指导。建立健全建筑工程质量管理、品质提升评价指标体系，科学评价各地执行工程质量法律法规和强制性标准、落实质量责任制度、质量保障体系建设、质量监督队伍建设、建筑质量发展、公众满意程度等方面状况，督促指导各地切实落实建筑工程质量管理各项工作措施。（住房城乡建设部负责）

六、抓好组织实施

各地区、各相关部门要高度重视完善质量保障体系、提升建筑工程品质工

作，健全工作机制，细化工作措施，突出重点任务，确保各项工作部署落到实
处。强化示范引领，鼓励有条件的地区积极开展试点，形成可复制、可推广的经
验。加强舆论宣传引导，积极宣传各地的好经验、好做法，营造良好的社会
氛围。

附录3 国家七部委关于印发绿色建筑创建行动方案的通知

各省、自治区、直辖市住房和城乡建设厅（委、管委）、发展改革委、教育厅（委）、工业和信息化主管部门、机关事务主管部门，人民银行上海总部、各分行、营业管理部、省会（首府）城市中心支行、副省级城市中心支行，各银保监局，新疆生产建设兵团住房和城乡建设局、发展改革委、教育局、工业和信息化局、机关事务管理局：

为贯彻落实习近平生态文明思想和党的十九大精神，依据《国家发展改革委关于印发〈绿色生活创建行动总体方案〉的通知》（发改环资〔2019〕1696号）要求，决定开展绿色建筑创建行动。现将《绿色建筑创建行动方案》印发给你们，请结合本地区实际，认真贯彻执行。

中华人民共和国住房和城乡建设部

中华人民共和国国家发展和改革委员会

中华人民共和国教育部

中华人民共和国工业和信息化部

中国人民银行

国家机关事务管理局

中国银行保险监督管理委员会

2020年7月15日

为全面贯彻党的十九大和十九届二中、三中、四中全会精神，深入贯彻习近平生态文明思想，按照《国家发展改革委关于印发〈绿色生活创建行动总体方案〉的通知》（发改环资〔2019〕1696号）要求，推动绿色建筑高质量发展，制定本方案。

一、创建对象

绿色建筑创建行动以城镇建筑作为创建对象。绿色建筑指在全寿命期内节约资源、保护环境、减少污染，为人们提供健康、适用、高效的使用空间，最大限度实现人与自然和谐共生的高质量建筑。

二、创建目标

到2022年，当年城镇新建建筑中绿色建筑面积占比达到70%，星级绿色建筑持续增加，既有建筑能效水平不断提高，住宅健康性能不断完善，装配化建造方式占比稳步提升，绿色建材应用进一步扩大，绿色住宅使用者监督全面推广，人民群众积极参与绿色建筑创建活动，形成崇尚绿色生活的社会氛围。

三、重点任务

（一）推动新建建筑全面实施绿色设计。制修订相关标准，将绿色建筑基本要求纳入工程建设强制规范，提高建筑建设底线控制水平。推动绿色建筑标准实施，加强设计、施工和运行管理。推动各地绿色建筑立法，明确各方主体责任，鼓励各地制定更高要求的绿色建筑强制性规范。

（二）完善星级绿色建筑标识制度。根据国民经济和社会发展第十三个五年规划纲要、国务院办公厅《绿色建筑行动方案》（国办发〔2013〕1号）等相关规定，规范绿色建筑标识管理，由住房和城乡建设部、省级政府住房和城乡建设部门、地市级政府住房和城乡建设部门分别授予三星、二星、一星绿色建筑标识。完善绿色建筑标识申报、审查、公示制度，统一全国认定标准和标识式样。建立标识撤销机制，对弄虚作假行为给予限期整改或直接撤销标识处理。建立全国绿色建筑标识管理平台，提高绿色建筑标识工作效率和水平。

（三）提升建筑能效水效水平。结合北方地区清洁取暖、城镇老旧小区改造、海绵城市建设等工作，推动既有居住建筑节能节水改造。开展公共建筑能效提升重点城市建设，建立完善运行管理制度，推广合同能源管理与合同节水管理，推进公共建筑能耗统计、能源审计及能效公示。鼓励各地因地制宜提高政府投资公益性建筑和大型公共建筑绿色等级，推动超低能耗建筑、近零能耗建筑发展，推广可再生能源应用和再生水利用。

（四）提高住宅健康性能。结合疫情防控和各地实际，完善实施住宅相关标准，提高建筑室内空气、水质、隔声等健康性能指标，提升建筑视觉和心理舒适性。推动一批住宅健康性能示范项目，强化住宅健康性能设计要求，严格竣工验收管理，推动绿色健康技术应用。

（五）推广装配化建造方式。大力发展钢结构等装配式建筑，新建公共建筑原则上采用钢结构。编制钢结构装配式住宅常用构件尺寸指南，强化设计要求，规范构件选型，提高装配式建筑构配件标准化水平。推动装配式装修。打造装配式建筑产业基地，提升建造水平。

（六）推动绿色建材应用。加快推进绿色建材评价认证和推广应用，建立绿色建材采信机制，推动建材产品质量提升。指导各地制定绿色建材推广应用政策措施，推动政府投资工程率先采用绿色建材，逐步提高城镇新建建筑中绿色建材应用比例。打造一批绿色建材应用示范工程，大力发展新型绿色建材。

（七）加强技术研发推广。加强绿色建筑科技研发，建立部省科技成果库，促进科技成果转化。积极探索5G、物联网、人工智能、建筑机器人等新技术在工程建设领域的应用，推动绿色建造与新技术融合发展。结合住房和城乡建设部科学技术计划和绿色建筑创新奖，推动绿色建筑新技术应用。

（八）建立绿色住宅使用者监督机制。制定《绿色住宅购房人验房指南》，向购房人提供房屋绿色性能和全装修质量验收方法，引导绿色住宅开发建设单位配合购房人做好验房工作。鼓励各地将住宅绿色性能和全装修质量相关指标纳入商品房买卖合同、住宅质量保证书和住宅使用说明书，明确质量保修责任和纠纷处理方式。

四、组织实施

（一）加强组织领导。省级政府住房和城乡建设、发展改革、教育、工业和信息化、机关事务管理等部门，要在各省（区、市）党委和政府直接指导下，认真落实绿色建筑创建行动方案，制定本地区创建实施方案，细化目标任务，落实支持政策，指导市、县编制绿色建筑创建行动实施计划，确保创建工作落实到位。各省（区、市）和新疆生产建设兵团住房和城乡建设部门应于 2020 年 8 月底前将本地区绿色建筑创建行动实施方案报住房和城乡建设部。

（二）加强财政金融支持。各地住房和城乡建设部门要加强与财政部门沟通，争取资金支持。各地要积极完善绿色金融支持绿色建筑的政策环境，推动绿色金融支持绿色建筑发展，用好国家绿色发展基金，鼓励采用政府和社会资本合作（PPP）等方式推进创建工作。

（三）强化绩效评价。住房和城乡建设部会同相关部门按照本方案，对各省（区、市）和新疆生产建设兵团绿色建筑创建行动工作落实情况和取得的成效开展年度总结评估，及时推广先进经验和典型做法。省级政府住房和城乡建设等部门负责组织本地区绿色建筑创建成效评价，及时总结当年进展情况和成效，形成年度报告，并于每年 11 月底前报住房和城乡建设部。

（四）加大宣传推广力度。各地要组织多渠道、多种形式的宣传活动，普及绿色建筑知识，宣传先进经验和典型做法，引导群众用好各类绿色设施，合理控制室内采暖空调温度，推动形成绿色生活方式。发挥街道、社区等基层组织作用，积极组织群众参与，通过共谋共建共管共评共享，营造有利于绿色建筑创建的社会氛围。

附录4 住建部关于大力发展钢结构建筑的意见

（征求意见稿）

　　钢结构建筑是以各种钢结构体系为主受力结构的建筑，具有抗震性能优越、平面布置灵活、轻质高强、绿色环保、施工便捷等优势。大力发展钢结构建筑有利于提高建筑抗震防灾能力，全面提升建筑质量品质，减少环境污染和生态破坏，推动建筑业转型升级，实现高质量发展，促进形成新经济增长点。为切实做好钢结构建筑的推广应用工作，现提出以下意见。

一、总体要求

（一）指导思想。

　　以习近平新时代中国特色社会主义思想为指导，全面贯彻党的十九大和十九届二中、三中、四中全会精神，认真落实中央经济工作会议精神，紧扣实现建筑业高质量发展的目标，加快推动建造方式创新，大力发展钢结构建筑，努力实现关键技术、管理模式和产业链培育的全面突破，不断提高钢结构建筑在新建建筑中的比例，促进建筑业转型升级。

（二）工作目标。

　　以超大、特大和大城市为重点，大力推广钢结构公共建筑，积极稳妥推进钢结构住宅和农房建设，完善技术体系、标准规范、管理体系，培育专业化技能队伍，推动形成一批具有现代建筑产业能力的工程总承包企业，提高工程安全质量水平，推动建筑业转型升级，有效拉动投资，促进消费增长。

二、重点任务

（三）明确推广应用重点。

抗震设防烈度 7 度及以上地区的学校、医院、办公楼、酒店等公共建筑，以及大型展览馆、科技馆、体育馆、商场、立体停车库和机场、铁路、公路、港口等的客运场站等大跨度建筑优先采用钢结构。钢结构住宅试点省应加大钢结构在高层住宅、农房建设、危旧房改造等领域的推广应用。在边境具备条件的地区优先推广使用钢结构建造方式。

（四）加强全产业链协同。

以标准化为主线引导钢结构建筑上下游产业链协同发展，制订型钢模数标准，发布标准化型钢目录，加大热轧 H 型钢、冷弯钢管、耐候钢和耐火钢应用，鼓励钢铁企业向钢结构领域延伸产业链，加强建筑用钢生产、加工、配送能力建设，打通钢铁生产和钢结构建筑应用堵点。以学校、医院、办公楼、酒店、住宅等为重点推广标准化设计。建立基于建筑信息模型（BIM）技术的钢结构建筑标准化部品部件库，提高标准化部品部件应用比例。加快研发适合各类钢结构建筑的围护体系，推广符合《低挥发性有机化合物含量涂料产品技术要求》（GB/T 38597—2020）的新型防火防腐材料，突破钢结构建筑在围护体系、材料性能等方面的产业链瓶颈，建立建筑用钢循环利用机制。建立钢结构建筑科技创新基地，搭建覆盖钢结构建筑企业、钢铁生产企业等全产业链的"产学研金介用"协同创新平台，提高钢结构建筑智能化水平。

（五）提升产业技术能力。

完善并推广适合不同建筑类型的安全可靠、经济适用的钢结构建筑技术体系，建立钢结构建筑关键技术和配套产品评估机制，编制钢结构建筑技术体系应用指南、钢结构建筑技术和产品评估推广目录。推广钢结构建筑结构、装修、管线一体化集成设计，强化设计对部品部件生产、安装施工、装饰装修等环节的统筹，开展建筑师负责制试点。鼓励采用信息化技术、建筑机器人等新技术，提高钢结构建筑部品部件装配施工质量安全和效率，加快推进装配化装修，推行装修与结构、机电设备协同施工。推进 BIM 技术在规划、勘察、设计、生产、施工、装修、运行维护全过程的集成应用，开展钢结构建筑施工图设计 BIM 审查试点，鼓励国产 BIM 软件开发及应用。加强人才培养，提升管理人才和技术人员的钢结构建筑方面业务能力，将钢结构建筑相关内容纳入专业技术人员继续教育范围。推行钢结构建筑关键岗位持证上岗，健全工人岗位技能培训制度，建立钢结构建筑人才培训基地。

（六）创新工程组织模式。

对于建设内容明确、技术方案成熟的钢结构建筑鼓励采用工程总承包模式，引导钢结构企业向具有工程管理、设计、施工、生产、采购能力的工程总承包企业转型。鼓励钢结构建筑项目建设单位委托咨询单位提供招标代理、勘察、设计、监理、造价、项目管理等全过程工程咨询服务。全过程工程咨询服务酬金可在项目投资中列支，也可根据所包含的具体服务事项，通过项目投资中列支的投资咨询、招标代理、勘察、设计、监理、造价、项目管理等费用进行支付。鼓励委托方根据咨询服务节约的投资额对咨询单位予以奖励。

（七）确保工程质量安全。

落实工程建设各方主体质量安全责任，明确工程总承包单位在工程质量安全、进度控制、成本管理等方面的责任。全面推行工程质量安全手册制度，推进工程质量管理标准化。加强钢结构建筑关键节点及防火、防腐等重点环节的监督检查和验收，建立全过程工程质量追溯机制，将生产、施工、装修、运行维护等全过程纳入信息化监管平台，实现工程质量责任可查询可追溯。在钢结构建筑中试点推行工程质量保险。

三、保障措施

（八）加大政策扶持力度。

各地住房和城乡建设部门要会同有关部门加大对钢结构建筑支持力度。符合《装配式建筑评价标准》A 级及以上标准的钢结构建筑项目，可享受建筑面积奖励、适度放宽预售条件、评奖评优优先考虑等优惠政策。支持符合条件的钢结构建筑企业申报高新技术企业，可按规定享受相关优惠政策。将钢结构建筑项目纳入工程审批绿色通道，在重污染天气 I 级应急响应措施发布时，钢结构建筑施工工地可不停工，但不得从事土石方挖掘、石材切割、渣土运输、喷涂粉刷等对环境治理影响较大的作业活动。

（九）加强组织领导。

各地要切实加强组织领导，明确钢结构建筑发展目标和实施路径，进一步落实工作职责，建立完善协商机制，形成工作合力。要充分利用新闻报道、项目观摩、会议交流、展览展示等方式加大宣传力度，提高钢结构建筑社会认知度，营造良好的社会舆论氛围，扎实推进钢结构建筑推广应用工作。

附录5 住建部关于推进建筑垃圾减量化的指导意见

各省、自治区住房和城乡建设厅，直辖市住房和城乡建设（管）委，北京市规划和自然资源委，新疆生产建设兵团住房和城乡建设局：

推进建筑垃圾减量化是建筑垃圾治理体系的重要内容，是节约资源、保护环境的重要举措。为做好建筑垃圾减量化工作，促进绿色建造和建筑业转型升级，现提出如下意见：

一、总体要求

（一）指导思想。

以习近平新时代中国特色社会主义思想为指导，深入贯彻落实新发展理念，建立健全建筑垃圾减量化工作机制，加强建筑垃圾源头管控，推动工程建设生产组织模式转变，有效减少工程建设过程建筑垃圾产生和排放，不断推进工程建设可持续发展和城乡人居环境改善。

（二）基本原则。

1. 统筹规划，源头减量。统筹工程策划、设计、施工等阶段，从源头上预防和减少工程建设过程中建筑垃圾的产生，有效减少工程全寿命期的建筑垃圾排放。

2. 因地制宜，系统推进。根据各地具体要求和工程项目实际情况，整合资源，制订计划，多措并举，系统推进建筑垃圾减量化工作。

3. 创新驱动，精细管理。推动建筑垃圾减量化技术和管理创新，推行精细化设计和施工，实现施工现场建筑垃圾分类管控和再利用。

（三）工作目标。

2020 年底，各地区建筑垃圾减量化工作机制初步建立。2025 年底，各地区建筑垃圾减量化工作机制进一步完善，实现新建建筑施工现场建筑垃圾（不包括工程渣土、工程泥浆）排放量每万平方米不高于 300 吨，装配式建筑施工现场建筑垃圾（不包括工程渣土、工程泥浆）排放量每万平方米不高于 200 吨。

二、主要措施

（一）开展绿色策划。

1. 落实企业主体责任。按照"谁产生、谁负责"的原则，落实建设单位建筑垃圾减量化的首要责任。建设单位应将建筑垃圾减量化目标和措施纳入招标文件和合同文本，将建筑垃圾减量化措施费纳入工程概算，并监督设计、施工、监理单位具体落实。

2. 实施新型建造方式。大力发展装配式建筑，积极推广钢结构装配式住宅，推行工厂化预制、装配化施工、信息化管理的建造模式。鼓励创新设计、施工技术与装备，优先选用绿色建材，实行全装修交付，减少施工现场建筑垃圾的产生。在建设单位主导下，推进建筑信息模型（BIM）等技术在工程设计和施工中的应用，减少设计中的"错漏碰缺"，辅助施工现场管理，提高资源利用率。

3. 采用新型组织模式。推动工程建设组织方式改革，指导建设单位在工程项目中推行工程总承包和全过程工程咨询，推进建筑师负责制，加强设计与施工的深度协同，构建有利于推进建筑垃圾减量化的组织模式。

（二）实施绿色设计。

4. 树立全寿命期理念。统筹考虑工程全寿命期的耐久性、可持续性，鼓励设计单位采用高强、高性能、高耐久性和可循环材料以及先进适用技术体系等开展工程设计。根据"模数统一、模块协同"原则，推进功能模块和部品构件标准化，减少异型和非标准部品构件。对改建扩建工程，鼓励充分利用原结构及满足要求的原机电设备。

5. 提高设计质量。设计单位应根据地形地貌合理确定场地标高，开展土方平衡论证，减少渣土外运。选择适宜的结构体系，减少建筑形体不规则性。提倡建筑、结构、机电、装修、景观全专业一体化协同设计，保证设计深度满足施工需要，减少施工过程设计变更。

（三）推广绿色施工。

6. 编制专项方案。施工单位应组织编制施工现场建筑垃圾减量化专项方案，明确建筑垃圾减量化目标和职责分工，提出源头减量、分类管理、就地处置、排放控制的具体措施。

7. 做好设计深化和施工组织优化。施工单位应结合工程加工、运输、安装方案和施工工艺要求，细化节点构造和具体做法。优化施工组织设计，合理确定施工工序，推行数字化加工和信息化管理，实现精准下料、精细管理，降低建筑材料损耗率。

8. 强化施工质量管控。施工、监理等单位应严格按设计要求控制进场材料和设备的质量，严把施工质量关，强化各工序质量管控，减少因质量问题导致的返工或修补。加强对已完工工程的成品保护，避免二次损坏。

9. 提高临时设施和周转材料的重复利用率。施工现场办公用房、宿舍、围挡、大门、工具棚、安全防护栏杆等推广采用重复利用率高的标准化设施。鼓励采用工具式脚手架和模板支撑体系，推广应用铝模板、金属防护网、金属通道板、拼装式道路板等周转材料。鼓励施工单位在一定区域范围内统筹临时设施和周转材料的调配。

10. 推行临时设施和永久性设施的结合利用。施工单位应充分考虑施工用消防立管、消防水池、照明线路、道路、围挡等与永久性设施的结合利用，减少因拆除临时设施产生的建筑垃圾。

11. 实行建筑垃圾分类管理。施工单位应建立建筑垃圾分类收集与存放管理制度，实行分类收集、分类存放、分类处置。鼓励以末端处置为导向对建筑垃圾进行细化分类。严禁将危险废物和生活垃圾混入建筑垃圾。

12. 引导施工现场建筑垃圾再利用。施工单位应充分利用混凝土、钢筋、模板、珍珠岩保温材料等余料，在满足质量要求的前提下，根据实际需求加工制作成各类工程材料，实行循环利用。施工现场不具备就地利用条件的，应按规定及时转运到建筑垃圾处置场所进行资源化处置和再利用。

13. 减少施工现场建筑垃圾排放。施工单位应实时统计并监控建筑垃圾产生量，及时采取针对性措施降低建筑垃圾排放量。鼓励采用现场泥沙分离、泥浆脱水预处理等工艺，减少工程渣土和工程泥浆排放。

三、组织保障

（一）加强统筹管理。各省级住房和城乡建设主管部门要完善建筑垃圾减量化工作机制和政策措施，将建筑垃圾减量化纳入本地绿色发展和生态文明建设体系。地方各级环境卫生主管部门要统筹建立健全建筑垃圾治理体系，进一步加强建筑垃圾收集、运输、资源化利用和处置管理，推进建筑垃圾治理能力提升。

（二）积极引导支持。地方各级住房和城乡建设主管部门要鼓励建筑垃圾减量化技术和管理创新，支持创新成果快速转化应用。确定建筑垃圾排放限额，对少排或零排放项目建立相应激励机制。

（三）完善标准体系。各省级住房和城乡建设主管部门要加快制定完善施工现场建筑垃圾分类、收集、统计、处置和再生利用等相关标准，为减量化工作提供技术支撑。

（四）加强督促指导。地方各级住房和城乡建设主管部门要将建筑垃圾减量化纳入文明施工内容，鼓励建立施工现场建筑垃圾排放量公示制度。落实建筑垃圾减量化指导手册，开展建筑垃圾减量化项目示范引领，促进建筑垃圾减量化经验交流。

（五）加大宣传力度。地方各级住房和城乡建设主管部门要充分发挥舆论导向和媒体监督作用，广泛宣传建筑垃圾减量化的重要性，普及建筑垃圾减量化和现场再利用的基础知识，增强参建单位和人员的资源节约意识、环保意识。

中华人民共和国住房和城乡建设部

2020 年 5 月 8 日

附录6　江西省人民政府关于推进装配式建筑发展的指导意见

一、指导思想

全面贯彻党的十八大和十八届三中、四中、五中全会精神和中央城市工作会议及全省城市工作会议精神，牢固树立"创新、协调、绿色、开放、共享"的发展理念和"适用、经济、绿色、美观"的建筑方针，坚持标准化设计、工厂化生产、装配化施工、信息化管理、智能化应用和一体化装修的发展方向，以培育国家级和省级装配式建筑产业基地为抓手，依托技术创新和建设管理模式创新，推动建造方式的根本性转变，全面提高建筑工程质量和施工效率，促进建筑业转型升级和可持续发展，为实现"五年决战同步全面小康"的奋斗目标作出新贡献。

二、基本原则

政府引导，市场运作。强化政府规划、引导和服务职能，加大政策扶持力度，建立多部门协同推进的工作机制。坚持以市场需求为导向，完善市场机制，激发市场活力，推动市场主体广泛参与装配式建筑。

产业支撑，创新驱动。优化产业布局，整合产业链条，推动装配式建筑产业的专业化、集成化、规模化，培育综合性龙头企业。加快技术和管理方式创新，推动建筑业和其他行业协同创新，注重产业发展与信息技术深度融合、与绿色建筑联动发展。

坚持标准，提高质量。总结借鉴国内外先进经验，逐步建立具有我省特点的装配式建筑部件标准图集、建筑设计、生产、施工、检测、验收、维护等全过程的规范，完善与装配式建筑相适应的质量监管体系，全面提高建造水平和工程质量。

示范带动，积极推进。推进装配式建筑示范城市、示范基地和示范项目建设，促进重点领域和优势区域率先发展，取得突破，并在全省推广，加快提高全省建筑装配化水平。

三、发展目标

（一）形成一个新型产业。创新、完善市场机制和发展环境，加快形成装配式建筑、部品部件规模化生产能力，大力提升设计、施工以及工程质量、施工安全控制能力。2020年底前，基本形成具有江西特色的装配式建筑产业。

（二）培育一批发展基地。推进政策机制创新，积极培育产业集聚能力强的装配式建筑重点示范市县，依托技术创新能力强、产业特色鲜明、带动能力强的综合性龙头企业，创建国家级、省级装配式建筑产业示范基地。

（三）推进一批示范项目。以政府投资项目为示范引导，其他投资类型的项目积极跟进，建成一批技术先进、质量优良、经济适用的装配式建筑示范项目。

（四）落实阶段发展目标。2016年底前，全省各试点城市编制完成装配式建筑发展规划，明确发展目标和推进装配式建筑发展的政策措施。其他设区市要研究启动装配式建筑发展规划工作。2018年，全省采用装配式施工的建筑占同期新建建筑的比例达到10%，其中，政府投资项目达到30%。2020年，全省采用装配式施工的建筑占同期新建建筑的比例达到30%，其中，政府投资项目达到50%。到2025年底，全省采用装配式施工的建筑占同期新建建筑的比例力争达到50%，符合条件的政府投资项目全部采用装配式施工。

四、主要工作措施

（一）着力转变建造方式。

1. 提高标准化设计水平。鼓励和引导设计单位提高装配式建筑设计能力，在设计中应优先选用标准化、通用化、模数化的部品部件。设计单位要加强对部品部件生产、施工安装、装配式装修的全过程的指导和服务。

2. 培育工厂化生产能力。培育一批规模合理、创新能力强、自动化水平高的部品生产企业。鼓励有条件的水泥、商品混凝土、水泥制品及墙材生产企业、钢材及传统钢结构等生产企业向建筑构配件和部品部件生产企业延伸或转型。生产企业要不断提高标准化、通用化部品部件的适用性，提高生产效率和经济效益，保证产品质量。

3. 发展装配化施工技术。鼓励施工企业积极研发与装配式建筑相适应的施工技术和工法，创新项目管理模式，加快发展施工安装成套技术、安装防护技术、施工质量检验技术。大力发展与装配式施工相适应的施工设备、施工机具和配套产品，以及大型预制构件的施工装备和技术，着力提升整体施工效率和质量水平。

4. 提升信息化管理水平。深入推进装配式建筑全产业链信息化应用，依托信息技术提升研发设计、开发经营、生产施工和管理维护水平。鼓励企业加大建筑信息管理（BIM）技术、信息系统等的研发、应用和推广力度，实现管理网络化及全流程集成创新。

5. 提高智能化应用水平。选择一批装配式建筑示范项目，强化对智能化施工、智能化管理为主要内容的智能化应用技术支持，加快在大数据、云计算基础上，开展装配式建筑的各项应用。培育发展基于智能化生产、智能化施工、智能化管理的现代化装配式建筑骨干企业。

6. 推广一体化装修模式。积极推进建筑装修的标准化、模数化、集成化，促进传统的装修方式向装配化转型发展，大力提倡住宅全装修交付使用，提高全装修建筑的比例。推进整体厨房卫生间、集成化设备管线、预制装配式轻质隔墙等的规模化应用。

（二）着力营造市场环境。

1. 培育龙头企业，带动区域发展。积极培育扶持一批创新能力强、产业特色鲜明、产业关联度高、带动能力强，集设计、生产、施工于一体的综合性龙头企业，创建国家级、省级装配式建筑产业基地。鼓励装配式建筑产业链上有关企业整合资源，融合协调发展。

2. 招大引强，推进合作。实施"引进来"战略，围绕装配式建筑产业上下游产业链招大引强，引进境内外装配式建筑或建筑部品部件生产龙头企业进入我省，鼓励我省有实力的企业与境内外企业合作，提升装配式建筑设计施工能力和部品部件生产能力。

3. 抓好试点，发挥示范带动作用。确定南昌、上饶、抚州、吉安、九江和赣州等地为我省装配式建筑发展试点城市。鼓励试点城市先行先试，结合当地区位、产业和资源实际，探索形成推进装配式建筑发展的政策机制体系和技术体系，加快建立装配式建筑产业基地和示范项目，加快形成装配式建筑产业体系，在全省范围推广。

4. 突出重点，提高装配式建筑比例。政府投资或主导的文化、教育、卫生、体育等公益性建筑，以及保障性住房、旧城改造、棚户区改造和市政基础设施等项目应率先采用装配式建筑。鼓励引导社会投资项目因地制宜发展装配式建筑并创建装配式建筑示范项目。

（三）着力创新建设管理模式。

1. 推进工程总承包模式。装配式建筑项目应积极采用工程总承包模式（设计—采购—施工，设计—施工等），健全与之相适应的施工许可、分包管理、质量监管、竣工验收等制度，打通装配式建筑设计、施工和部品部件生产等各环节。工程总承包单位对工程质量、安全、进度、造价负总责。

2. 建立质量保证体系。创新完善与装配式建筑相适应的工程建设全过程监管机制，建立健全部品部件生产、检验检测、装配施工及验收的全过程质量追溯保证体系。落实装配式建筑项目建设、勘察、设计、施工、生产和监理等各方主体质量安全责任及项目负责人质量终身责任。

3. 完善工程招投标办法。坚持依法依规招投标。对采用装配式施工的工程项目，应当由具备装配式建筑建造能力的企业参与公开招投标。装配式施工项目的招标方式核准为公开招标的，可采用资格预审。

4. 健全工程计价体系。按照装配式建筑的标准、技术形式和特征类别，积极做好装配式建筑工程造价指数和指标的采集、发布工作。编制并不断完善装配式建筑所需的工程计价定额，加强对工程计价方式和造价管理方法的探索研究，充分发挥工程计价依据在推动装配式建筑发展过程中的支撑作用。

（四）着力发挥先进技术的引领作用。

1. 加强技术创新。将装配式建筑列为省科技创新体系重点内容，发挥国家重大科技专项和重点项目、科技创新平台对装配式建筑技术产品研发的支持力度，尽快形成具有自主知识产权的成套技术应用体系。在装配式建筑研究方面，鼓励引导社会各方面特别是建筑企业加大研发投入，以企业为主体组建 1 – 2 个省级工程（技术）研究中心。

2. 完善技术规范体系。加快制定和完善适应装配式建筑发展需要的设计、生产、施工、检测、验收、维护等规范，制定适应装配式建筑的深化设计导则、图审要点、竣工验收等管理办法。

3. 发展绿色建材产业。装配式建筑应积极采用绿色建材，积极发展绿色、低碳、可循环的新型装配式建筑材料，加强对可循环利用建筑材料的研究与应用，着力提高钢材、木材等可循环、可再生材料的应用比例，不断扩大建筑垃圾再生产品的应用范围。

4. 推广适宜装配式建筑技术。大力发展预制混凝土结构（PC）和钢结构建筑。在大型公共建筑和工业厂房优先采用装配式钢结构。在具备条件的特色地区、风景名胜区，以及园林景观、仿古建筑等领域，倡导发展现代木结构建筑。在农房建设中积极推进轻钢结构。临时建筑、工地临建、管道管廊等积极采用可装配、可重复使用的部品部件。鼓励使用预制内外墙板、楼梯、叠合楼板、阳台板、梁和集成化橱柜、浴室等构配件、部件部品。

五、加大政策扶持力度

（一）加强土地保障。各级国土资源部门要优先支持装配式建筑产业和示范项目用地。符合条件的装配式建筑产业用地享受工业用地政策，纳入工业用地予以保障。

（二）落实招商引资政策。各地应将装配式建筑产业纳入招商引资重点行业，并落实招商引资各项优惠政策。

（三）实行容积率差别核算。实施预制装配式建筑的房地产开发项目经规划验收合格的，其外墙预制部分建筑面积（不超过规划总建筑面积的3%）可不计入成交地块的容积率核算。

（四）科技创新扶持。将装配式建筑关键技术相关研究，根据行业需求纳入年度科技计划项目申报指南，并在同等条件下优先支持。符合条件的装配式建筑生产企业应认定为高新技术企业，按规定享受相应税收优惠政策。

（五）加大财政支持。各级财政可对符合条件的装配式建筑重点示范市县、产业基地和示范项目给予一定的资金补贴。市县政府对创建国家级和省级装配式建筑产业基地和技术创新有重大贡献的企业和机构可给予适当的资金奖励。

（六）落实税费优惠。符合条件的装配式建筑项目免征新型墙体材料专项基金等相关建设类行政事业性收费和政府性基金。符合条件的装配式建筑示范项目可参照重点技改工程项目，享受税费优惠政策。销售建筑配件适用17%的增值税率，提供建筑安装服务适用11%的增值税率。企业开发装配式建筑的新技术、新产品、新工艺所发生的研究开发费用，可以在计算应纳税所得额时加计扣除。研究制定绿色装配式构配件专项财政补贴政策。

（七）加强金融服务。鼓励金融机构加大对装配式建筑产业的信贷支持力度，拓宽抵质押物的种类和范围。支持鼓励符合条件的装配式建筑生产企业通过发行各类债券融资，积极拓宽融资渠道。对装配式施工的房地产开发项目及购买装配式住宅的购房者，鼓励各类金融机构、住房公积金管理机构给予优惠。

（八）加大行业扶持力度。符合条件的装配式建筑项目的农民工工资保证金、履约保证金等予以减免。施工企业缴纳的工程质量保证金按扣除预制构件总价作为基数减半计取。采用装配式施工方式建造的商品房项目，符合条件的优先办理《商品房预售许可证》，其项目预售监管资金比例减半。对装配式建筑业绩突出的建筑企业，在资质晋升、评奖评优等方面予以支持和政策倾斜。获得鲁班奖、杜鹃花奖等奖项的装配式建筑，工程所在地政府可给予适当奖励或补助。对绿色装配式构配件生产和应用企业给予贷款贴息，将绿色装配式构配件评价标识信息纳入政府采购、招投标、融资授信等环节的采信系统。

（九）加强人才引进和培训。积极引进装配式建筑领域的人才，按规定享受有关优惠政策。积极开展适应装配式建筑发展需要的各类人才培训，大力引导农民工转型为建筑产业工人。将装配式建筑专业工种纳入职业技能培训范围，符合条件的给予培训补助。装配式建筑骨干企业可以面向全省培训行业技术人才。

（十）加强技术指导。成立由企业、高等院校、科研机构专家组成的省装配式建筑专家委员会，负责我省装配式建筑相关规范编制、项目评审、技术论证、性能认定等方面的技术把关和服务指导。

（十一）保障运输通畅。各设区市及交通运输主管部门在所辖区域或职能范围内，对运输预制混凝土及钢构件等超大、超宽部品部件的运输车辆，在物流运输、交通通畅方面予以支持，研究制定高速公路通行费减免优惠政策。

六、保障措施

（一）加强领导，建立机制。建立全省推进装配式建筑发展工作联席会议制度，省住房城乡建设厅主要负责同志担任召集人，统筹协调我省推进装配式建筑发展的各项工作。联席会议建立定期沟通协调、专项工作调度、年度通报和约谈等推进机制。各地政府应成立由政府负责同志牵头的组织领导机构，强化对当地推进装配式建筑发展的统筹协调和领导，制定本地区推进装配式建筑发展的具体目标、工作方案和保障措施。

（二）优化服务，形成合力。各级住建、发改、工信、科技、财政、人社、国土、商务、国资、质监、金融、税务等部门要在政府的统一领导下，按照各自职能，结合"放管服"改革，加大对装配式建筑发展的指导和服务力度，在装配式建筑规划、用地、立项、施工、预售、验收、备案等环节，以及科技支持、招商引资、财税政策、人才培训、金融服务等方面，建立健全保障装配式建设项目顺利推进的工作机制。

（三）宣传引导，形成氛围。充分利用各种新闻媒体加大对发展装配式建筑的宣传和科普力度。通过示范项目现场会，会议会展、专题报道等形式，开展全面、深入、系统的宣传，营造全社会关注、支持装配式建筑发展的良好舆论氛围，使推进装配式建筑发展成为社会和企业的自觉行动。

（四）监督检查，强化考核。各设区市要结合本地工作实际，制定具体推进装配式建筑的政策和实施办法，并加强监督管理和指导服务。省住房城乡建设厅会同省直相关部门，加强对各设区市推进装配式建筑的指导、服务，按照工作推进目标，定期组织实施督查、考核，研究解决实际工作中遇到的困难和问题，及时总结和推广成功经验，确保全省装配式建筑顺利推进。

附录 7 省住建厅关于加快钢结构
装配式住宅建设的通知

赣建建〔2020〕13 号

各设区市、省直管试点县（市）住房和城乡建设局、南昌市城乡建设局、赣江新区城乡建设和交通局：

为进一步落实《住房和城乡建设部办公厅关于同意江西省开展钢结构装配式住宅建设试点的批复》（建办市函〔2019〕429 号）和《江西省房地产建筑产业链链长制工作方案》要求，加快我省钢结构装配式住宅建设，提升钢结构装配式住宅建设水平，现就有关工作通知如下：

一、加强规划引领。各地要根据经济发展状况、产业基础以及多层次多样化建筑需求，编制钢结构装配式住宅建设规划，制订年度建设计划，建立项目库，加大推动钢结构装配式住宅建设力度。

二、推动项目建设。各地要积极推广钢结构装配式住宅在保障性住房、搬迁安置房、商品住宅等方面的应用，明确具体建设比例。鼓励房地产开发企业建设钢结构装配式住宅，支持有条件的项目进行规模化示范。鼓励易地扶贫搬迁项目采用钢结构装配式建造方式，因地制宜引导农村居民自建住房采用轻钢结构装配式建造方式。南昌市、九江市、赣州市、抚州市、宜春市、新余市等作为省钢结构装配式住宅建设试点城市，要制定本地区推进钢结构装配式住宅建设试点工作方案并上报省厅，要在政策机制、技术创新、产业培育、人才培养等方面先试先行，及时总结有效做法和成功经验。

三、落实扶持政策。各地要在现有装配式建筑各项扶持政策的基础上，研究制定对钢结构装配式住宅项目在土地供应、税费减免、金融信贷支持、降低预售条件及预售资金监管标准、监管资金留存比例等方面的支持政策。加大扶持政策落实落地力度，提升建设单位内生动力。

四、加强技术创新。钢结构装配式住宅原则上采用工程总承包模式，推行全过程工程咨询。各地要以提升住宅品质为核心，将钢结构装配式住宅发展列入科技计划重点支持领域，研发和推广适宜钢结构装配式住宅技术体系，加大装配化装修技术产品和 BIM 等信息化技术应用力度。积极推广使用钢结构装配式住宅部品部件应用芯片识别和二维码识别等技术，实现部品部件信息化管理和全生命周期的可追溯。

五、加强质量安全监管。严格钢结构装配式住宅项目质量安全管理，强化建设单位首位责任，落实参建单位主体责任。各地要认真落实钢结构装配式住宅建设技术标准，加强施工现场重大安全风险管控力度，严把部品部件进场质量关、工程竣工验收关，强化重点部位、关键工序过程质量控制，探索全过程质量追溯，提升工程质量水平。

六、培育专业技术人才。积极鼓励钢结构建筑企业与各大专院校合作，编制钢结构装配式培训教材、课程，建立钢结构装配式人才培训基地。完善人才奖励激励机制，形成大专院校、用人单位、社会联合培养人才的局面。

七、加大宣传引导力度。充分发挥新闻媒体作用，加大钢结构装配式住宅宣传力度，提高社会认知度，营造各方共同关注、支持钢结构装配式住宅发展的良好氛围。各地要鼓励建设与绿色建筑、节能环保相结合的钢结构装配式住宅项目，树立先进典型，打造样板工程，发挥示范引导作用。

参考文献

［1］王铁宏．中国为什么要发展装配式建筑［N］．中国房地产报，2017 - 11 - 20（3）．

［2］丁志胜．论装配式建筑的优缺点及发展前景［J］．湖北水利水电职业技术学院学报，2019，15（4）：55 - 57．

［3］廖礼平．绿色装配式建筑发展现状及策略［J］．企业经济，2019，38（12）：139 - 146．

［4］刘壮成．新加坡装配式建筑发展启示［J］．墙材革新与建筑节能，2019（9）：48 - 50．

［5］徐伟，武春杨．国外装配式建筑研究综述［J］．上海节能，2019（10）：810 - 813．

［6］刘若南，张健，王羽，黄臣，郭志鹏．中国装配式建筑发展背景及现状［J］．住宅与房地产，2019（32）：32 - 47．

［7］劳桂西，吴让．装配式建筑的应用与发展［C］//《施工技术》杂志社，亚太建设科技信息研究院有限公司．2019 年全国建筑施工新技术交流会论文集，2019：2．

［8］宋戈，徐沐阳，邓佳璐．装配式建筑历史——起源及发展阶段［J］．建筑与文化，2019（9）：194 - 197．

［9］卞成威．阻碍装配式建筑在国内发展的因素浅析［J］．绿色环保建材，

2019（12）：173-175.

[10] 齐宝库，张阳．装配式建筑发展瓶颈与对策研究［J］．沈阳建筑大学学报，2015，17（2）：156-159.

[11] 史玉芳，康坤，王秀芬．基于SWOT分析的我国装配式建筑发展对策研究［J］．建筑经济，2016，37（11）：5-9.

[12] 施嘉霖，唐婧，张凯．上海预制装配式建筑发展研究与对策［J］．住宅科技，2014（11）：1-5.

[13] 高懿凤．浅析预制装配式建筑发展过程中的问题与对策［J］．四川水泥，2016（12）：278.

[14] 杨闯，刘香．我国装配式住宅现存问题及应对策略分析［J］．建筑技术，2016，47（4）：301-304.

[15] 周超．加强房屋建筑施工技术质量管理的几点措施探究［J］．江西建材，2015（10）．

[16] 曲豪杰．浅谈加强建筑施工现场安全管理的措施［J］．江西建材，2015（19）．

[17] 孟昭辉．建筑施工企业安全成本控制研究［D］．济南：山东大学硕士学位论文，2013.

[18] 成军．加强建筑施工现场安全管理的一些措施［J］．科技传播，2011（15）．

[19] 王洁凝．关于发展装配式建筑推进新型城镇化建设的思考［J］．公共管理与政策评论，2016，5（2）：85-90.

[20] 齐宝库，张阳．装配式建筑发展瓶颈与对策研究［J］．沈阳建筑大学学报，2015（4）：156-159.

[21] 史玉芳，康坤，王秀芬．基于SWOT分析的我国装配式建筑发展对策研究［J］．建筑经济，2016（11）：5-9.

［22］齐宝库，朱娅，刘帅，马博．基于产业链的装配式建筑相关企业核心竞争力研究［J］．建筑经济，2016（8）：102－105．

［23］蔡钱英．装配式建筑发展提速国企助力中国建筑业革新［N］．中国企业报，2016－12－06（G04）．

［24］贾晓英．建筑工业化与工业化建筑［J］．科技信息，2012（22）：435．

［25］张传生，张凯．工业化预制装配式住宅建设研究与应用［J］．住宅产业，2012（6）：26－30．

［26］刘东卫，蒋洪彪，于磊．中国住宅工业化发展及其技术演进［J］．建筑学报，2012（4）：10－18．

［27］梁桂保，张友志．浅谈我国装配式住宅的发展进程［J］．重庆理工大学学报（自然科学版），2006，20（9）：50－52．

［28］梁留科，吴次芳．住宅产业化——新的经济增长推动力［J］．经济界，2003（2）：35－38．

［29］刘志峰．以住宅需求为导向面向百姓面向未来促进住宅建设的持续健康发展［J］．住宅科技，2002（3）：14－17．

［30］何正凯．装配式建筑的发展综述及发展前景探究［C］//《建筑科技与管理》组委会．2014年4月建筑科技与管理学术交流会论文集．北京恒盛博雅国际文化交流中心，2014：2．

［31］李宗明，王三智，曹保平．装配式住宅与住宅工业化［J］．山西建筑，2011（10）．

［32］涂虎强，刘景园，陈康．新型装配式结构体系的发展与住宅产业化［J］．科技资讯，2011（4）．

［33］贠慧星，冉云．可持续发展的绿色建筑［J］．山西建筑，2011（4）．

［34］顾自翀．预制装配式混凝土结构施工精度的控制［J］．建筑施工，

2010（7）.

[35] 崔庆彪. 装配式混凝土结构构件及施工注意事项［J］. 科技信息，2013（8）.

[36] 蒋勤检. 国内外装配式混凝土建筑发展综述［J］. 建筑技术，2010，41（12）.

[37] 陈子康，周云，张季超. 装配式混凝土框架结构的研究与应用［J］. 工程抗震与加固改造，2012，34（4）.

[38] 张红霞，徐学东. 装配式住宅全生命周期经济性对比分析［J］. 新型建筑材料，2013（5）.

[39] 黄小坤，田春雨. 预制装配式混凝土结构研究［J］. 住宅产业，2010（9）.

[40] 崔璐. 预制装配式钢结构建筑经济性研究［D］. 山东建筑大学硕士学位论文，2015.

[41] 王兴菊，赵然杭. 对建筑工程质量事故频发的思考［J］. 山东工业大学学报，2002，32（1）.

[42] 李永泉，李晓军. 现浇框架结构工程质量问题分析与对策［J］. 低温建筑技术，2002（1）.